高职高专"十四五"规划教材

公差配合与技术测量

（第5版）

主　编　王立波　赵岩铁

副主编　艾明慧　张　弦　王丽丽

主　审　吕修海

北京航空航天大学出版社

内 容 简 介

本书主要内容包括:概论、光滑圆柱体的公差与配合、技术测量基础、几何公差及测量、表面粗糙度与测量、光滑极限量规设计、典型零件的公差配合与测量、圆柱齿轮的公差与测量、尺寸链。建议学时为45～50学时。

本书认真落实《国家职业教育改革实施方案》(简称"职教20条"),全面贯彻最新国家标准,教材内容对接"1+X"职业技能等级证书,突出了"互联网+"的现代教育新模式,针对教材中重要的知识点和技能点,课程建设团队制作了微课、视频等资源,并以扫描二维码的形式呈现,提高学生学习兴趣和学习效果,教材配有电子课件和独立成册的习题集,帮助实现教学质量和学习质量双提升。

本书适用于高职高专院校的机电一体化技术、机械制造与自动化技术、数控技术等装备制造类专业,也适用于近机械类专业的教学;本书也可作为电大、成人高校、民办高校和普通高校中的二级学院的教学用书。

本书配有课件和习题答案供任课教师参考,若有需要,请发送邮件至 goodtextbook@126.com 或致电010-82317037 申请索取。

图书在版编目(CIP)数据

公差配合与技术测量 / 王立波,赵岩铁主编. -- 5版. -- 北京 : 北京航空航天大学出版社,2020.11
ISBN 978-7-5124-3421-9

Ⅰ. ①公… Ⅱ. ①王… ②赵… Ⅲ. ①公差-配合② 技术测量 Ⅳ. ①TG801

中国版本图书馆 CIP 数据核字(2020)第 240594 号

公差配合与技术测量(第5版)

主　编　王立波　赵岩铁
副主编　艾明慧　张　弦　王丽丽
主　审　吕修海
策划编辑　董　瑞　责任编辑　董　瑞

*

北京航空航天大学出版社出版发行

北京市海淀区学院路37号(邮编100191)　http://www.buaapress.com.cn
发行部电话:(010)82317024　传真:(010)82328026
读者信箱:goodtextbook@126.com　邮购电话:(010)82316936
涿州市新华印刷有限公司印装　各地书店经销

*

开本:787×1 092　1/16　印张:14　字数:358千字
2021年3月第5版　2024年3月第5次印刷　印数:6 001～7 000 册
ISBN 978-7-5124-3421-9　定价:39.00元(含习题册)

前　言

"公差配合与技术测量"课程是装备制造大类专业一门重要的、实用性较强的专业技术基础课,具有联系各门基础课和专业课的作用,掌握该课程的内容对于机械工程人员和管理人员具有重要的意义。

《公差配合与技术测量》是以互换性基础标准为主要内容的教材,新一轮国家互换性基础标准修订的主要特征是按产品几何技术规范(GPS)对各项互换性基础标准进行系列化,全面等效采用相应的 ISO 标准。产品几何技术规范(GPS)的范围包括工件尺寸和几何公差、表面特征及其相关的检验原则、测量器具和校准要求,也包括尺寸和几何测量的不确定度,还包括基本表达方法和图样标注(符号)的解释。

我国互换性的新标准体系以《GB/T 18780.1—2002 产品几何量技术规范(GPS)几何要素 第 1 部分:基本术语和定义》《GB/T 18780.2—2003 产品几何量技术规范(GPS)几何要素 第 2 部分:圆柱面和圆锥面的提取中心线、平行平面的提取中心面、提取要素的局部尺寸》等 GPS 基础标准为基础,增加了几何要素方面的术语和定义,使各项标准建立在同一基础之上,统一了设计、工艺、检验、认证、验收、销售等人员对互换性标准的认知与理解,有利于产品质量的认同。

本教材认真落实《国家职业教育改革实施方案》(简称"职教 20 条"),全面贯彻最新国家标准,教材内容对接"1＋X"职业技能等级证书,突出"互联网＋"的现代教育新模式,针对教材中重要的知识点和技能点,专业团队制作了微课、视频等资源,并以扫描二维码的形式呈现,提高学生学习兴趣和学习效果,教材配有电子课件和独立成册的习题集,帮助实现教学质量和学习质量双提升。

全书共9章。其中,第1、2章和习题由黑龙江农业工程职业学院王立波、赵岩铁编写;第3、4章和习题由黑龙江农业工程职业学院艾明慧编写;第5、6章和习题由黑龙江农业工程职业学院张弦编写;第7章和习题由哈尔滨北方航空职业技术学院王丽丽编写;第8章和习题由黑龙江农业工程职业学院娄为正、李晶编写;第9章和习题由黑龙江农业工程职业学院曹克刚、于南楠编写;黑龙江农业工程职业学院吕修海为主审。

本书在编写过程中得到了许多同志的帮助，对此表示衷心的感谢。由于作者水平有限，书中如有疏漏或错误，敬请读者批评指正。

编　者
2020 年 9 月

> ➤ 本书配有教学视频，可使用微信或浏览器扫描二维码观看。
> ➤ 教学视频著作权归本书作者所有，未经授权不得复制、转载。

目　录

第1章 概 论

【学习目的与要求】 掌握互换性的概念、分类、条件;了解加工误差产生的原因及其对机械产品性能和几何参数互换性的影响;了解公差标准、优先数系、技术测量在保证互换性中的作用以及标准化在推动机械制造进步中的作用。

1.1 互换性及其分类

在日常生活、工作中经常可以发现这样的一些事实:房间内照明用的灯管坏了,购买一个新的不但可安装到房间的灯架上,还能发出与原来灯管一样强度的光;一个 U 盘可以插到不同型号的计算机上使用,同时不同型号的 U 盘也可以在同一计算机上使用;由不同厂家生产的同型号电池都可以安装到随身听上,为随身听提供电能;汽车、拖拉机某一零部件损坏,一个新的同型号零部件就可以安装到该汽车、拖拉机上,迅速地恢复汽车、拖拉机的功能。这些事实说明这些产品有这样的一个性质:商店的灯管、电池、U 盘、零部件与使用中的灯管、电池、U 盘、零部件可以互相替换使用。在生产过程中产品、零部件可以互相替换使用的性能称为互换性。

1.1.1 互换性的定义

同一规格的产品(包括零件、部件、构件)之间在几何参数、功能上能够彼此互相替换使用的性能称为互换性。

1.1.2 互换性的作用

① 互换性原则是现代化工业生产的基本原则。按互换性原则进行生产可以实现专业化分工协作生产。分工协作生产就可以使用现代化的专业制造设备,组织流水线和自动化生产,从而提高产品质量和生产率,降低生产成本。

② 互换性可以方便机器的维修。前面讲述的几例就属于机器维修范畴,如果没有互换性,使用中的产品某一零件损坏时,就不可能继续使用。农业机械的零部件具有互换性意义更大,在农业生产繁忙季节,快速地修复有故障的农业机械可以不误农时,为农业的增产、增收提供有力保障。

③ 互换性能降低产品的生产成本。在产品的设计阶段,采用互换性设计,就可采用通用件与标准件,能减少设计中的计算与绘图的工作量,可缩短设计周期,降低设计成本。在产品的制造阶段,采用通用件与标准件,可减少企业的制造加工量与工艺装备;可以按专业化分工进行协作生产,提高生产率,降低制造成本。在装配阶段,采用通用件与标准件,工人装配的熟练程度高,能提高装配的生产率,降低装配成本。

1.1.3　互换性的分类

影响互换性的因素有:几何参数(尺寸、几何形态、表面形态等)、功能参数(物理参数、力学性能参数、化学性能参数、电学性能参数等),此外,互换性也有程度与范围的要求。

1. 按影响互换性的参数种类分类

按影响互换性的参数种类分类,可分为功能互换性与几何参数互换性。

1) 功能互换性

功能互换性是指通过规定功能参数的极限范围以保证产品的互换性。如规定电池的电压、内电阻、电池容量等参数保证电池功能上的互换使用。

2) 几何参数互换性

几何参数互换性是指通过规定几何参数极限范围以保证零件几何参数充分地近似所实现的互换性。也就是规定零件的尺寸、几何形态、表面状态与理想要求充分地近似所实现的互换性。这部分内容是本课程的主要内容。零部件装配互换就是典型的几何参数互换性。

2. 几何参数互换性的分类

在几何参数互换性中,按互换的范围、程度、方法来分,分为完全互换性与不完全互换性(分组互换性、调整互换性与修配互换性等)。

1) 完全互换性

完全互换性是指零部件在装配、维修中不经任何的选择、调整、修配就可以实现的互换性。在日常工作、生活中见到的互换性大部分为完全互换性。

2) 不完全互换性

不完全互换性是指按同一技术要求加工的零部件在装配时需经挑选、调整与辅助加工等才能实现的互换性。如拖拉机、汽车的活塞销与活塞销孔的配合、活塞与气缸套的配合就是在装配前按尺寸大小分成四组,每一组内零件可以互换使用。分组互换可以在保证配合精度的前提下,扩大制造公差从而降低加工难度,达到降低制造成本的目的。

1.1.4　互换性的条件

理论与实践证明,要实现零件的几何参数互换性,不要求零件的尺寸、几何形态、表面状态与其理想要求完全一致,只要保证有较高程度的相近和各零件上同一参数之间有足够的相似即可。实现较高程度的相近与相似的技术措施就是针对零部件的几何参数规定其变动的极限范围,同时限制零件上几何参数与理想要求的偏离、不同零件上各几何参数相差别的程度,从而保证互换性。

1.1.5　加工误差及其对互换性的影响

1. 机械加工过程的必然现象——加工误差

在机械加工过程中,由机床、刀具、夹具、零件组成的工艺系统,在切削力、切削温度、切削振动等因素作用下,工艺系统要产生热变形、力变形;同时机床、夹具与刀具的磨损等,使加工得到的零件与理想零件产生差别,并且同时加工的若干个零件之间也会产生差别,这个差别称为加工误差。加工误差是机械制造过程产生的必然现象,任何一种先进的加工方法只能减少加工误差,而不能消除加工误差。以图 1-1 所示在车床上加工一个小轴零件为例进行加工误差分析,该小轴的理想状态是一个直径为 $\phi 30$ mm 的光滑圆柱体。

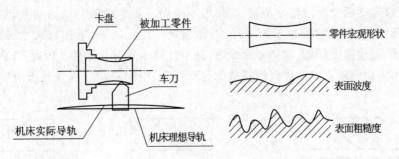

图 1-1　加工误差的产生

误差之一:尺寸误差。

在切削加工时一般选用直径大于 $\phi 30$ mm 的棒料经过几次走刀才能达到尺寸要求,假如一次走刀后直径为 $\phi 30.002$ mm,是不能用车刀将这 0.001 mm 厚的余量切削掉的。所以零件最后的尺寸就是直径为 $\phi 30.002$ mm,实际尺寸与理想尺寸差为 0.002 mm。实际尺寸对理想尺寸的偏离程度称为尺寸误差。

误差之二:形状误差。

由于车床溜板与导轨的磨损,机床导轨出现了弯曲误差,所以安装在溜板上的车刀运行轨迹就不是一条平行于机床主轴线的直线,而是一条曲线。因此,加工出来的小轴就不是一个圆柱体,而是一个马鞍形。这种实际形状对理想形状的偏离程度称为形状误差。

误差之三:表面粗糙度。

在机械加工过程中,车刀在工件表面上做螺旋运动,因而留下一些残留面积,再加上其切屑在工件上分离时产生的毛刺使零件表面微观上出现不平,这种实际表面对理想光滑面的偏离程度称为表面粗糙度。

误差之四:位置误差。

零件是由基本几何要素(构成零件几何形态的点、线、面)构成的,各几何要素之间具有一定的理想几何位置关系,如平行、垂直、对称等。如在切削小轴端面时,由于车床小拖板导轨不直,使小轴端面相对小轴的轴线不垂直,这种几何要素的实际位置相对理想位置的偏离程度称为位置误差。

2. 加工误差对产品、零部件性能、互换性的影响

任何一部机械都是由零件与部件组成的。构成机械的零件具有一定的相互关系:相对运动、相对静止、相对固定等几何位置关系。机器的性能与零件相互关系之间必有一个最佳的状态,这种状态就是理想状态。以一个孔与轴组成的运动副(滑动轴承)为例:

图 1-2 所示为同一尺寸 D、具有理想形态的孔与不同尺寸、几何形态轴的配合,形成配合间隙大小不一致的滑动轴承。图 1-2(a)轴为理想尺寸 d_1 和理想形态,与 D 孔配合的间隙为理想间隙值,根据液体润滑理论,具有理想间隙的滑动轴承能形成良好的润滑油膜,能保证运动副运动平稳,运动精度高,使用寿命长;图 1-2(b)轴直径为 d_2,$d_2 < d_1$ 有尺寸误差,与 D 孔配合形成的间隙大于理想间隙值,配合间隙增大使形成润滑油膜性能变差,运动精度也变差,使用寿命也缩短了。如果间隙过大,孔轴配合就不能形成润滑油膜,就会出现干摩擦,运动副在工作中就会迅速破坏,满足不了滑动轴承使用要求的轴也就失去了互换性。图 1-2(c)

轴具有两端大中间小的形状误差,与 D 孔配合形成的间隙不均匀,其形成的润滑油膜不能是最佳状态,所以运动副的运动精度不高,工作也不平稳。工作中轴的两边与孔相接触,轴的两边磨损快,使滑动轴承性能迅速下降,使用寿命缩短。由此可知,轴具有尺寸误差、形状误差后,使运动副的运动精度降低、使用寿命缩短,甚至使轴不具有互换性。因此,几何参数误差是影响互换性的主要因素。所以要保证机械的运动精度、使用寿命和互换性就应限制零件的几何参数误差。

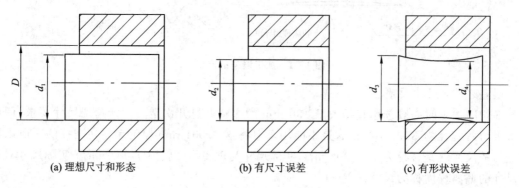

(a) 理想尺寸和形态   (b) 有尺寸误差   (c) 有形状误差

图 1-2   加工误差对使用性能的影响

1.2   标准与标准化

1.2.1   标准化

标准是为了在一定的范围内获得最佳秩序,经协商一致制定并由公认机构批准,共同使用和重复使用的一种规范性文件。标准是以可重复的事务和概念为对象,如机械加工得到的零件的尺寸值、形状与位置、表面形态、齿轮的齿廓等都是标准的对象。

1. 标准的分类

我国标准按批准机构可分四级:国家标准、行业标准、地方标准、企业标准。

按照标准化对象可分为:基础标准、方法标准、产品标准、卫生标准、环境标准、安全标准。

基础标准是以标准化的共性要求和前提条件为对象,在较广范围内普遍使用或具有指导意义的标准。如名词、术语、符号、代号、标志、方法等标准;计量单位制、公差与配合、几何公差、表面粗糙度、优先数系等。通过名词、术语、符号、代号等标准,统一人们对标准的理解;通过公差与配合、几何公差、表面粗糙度、螺纹公差、齿轮公差等标准对机械加工得到的几何参数进行控制,限制这些几何参数的变动程度,从而保证机械产品的几何参数互换性。在公差标准中通过确定公差等级和各公差等级的选用,解决产品工作性能与制造成本之间的矛盾。各种公差标准是实现互换性的重要保障。

标准按其效力程度分为强制性标准与推荐性标准。强制性标准是必须遵照执行的标准,凡涉及社会与人的安全、健康、环境、卫生等方面的标准都是强制性标准,强制性国家标准的代号为"GB"。推荐性国家标准的代号为"GB/T",本课介绍的基础标准大部分为推荐性标准。

2. 标准化工作

标准化是指为在一定的范围内获得最佳秩序,以实际的或潜在的问题制定共同的和重复使用的规则的活动。标准化的实质是通过制定、发布和实施标准达到统一,标准化的目的是获得最佳秩序和社会效益。标准化的工作循环是:制定标准—贯彻标准—修订标准,标准化是按这一工作循环不断提高的活动。

1.2.2 优先数系

一个机械零件的尺寸不是孤立的,它要按一定的关系向其他零件或加工、检测设备上进行传递,例如:一个螺栓的直径确定后,就会影响与该螺栓配合的被紧固件的螺栓孔尺寸、加工螺栓孔的钻头直径尺寸、加工螺栓的板牙直径尺寸、测量螺纹的量规尺寸等。如果机械零件的尺寸过多,就会使零件的加工、测量设备种类过多,造成全社会拥有的加工工具、设备、测量量具、量仪过多,导致零件的加工成本增加。同时,尺寸过多也不便于通用件、标准件的成批生产,不利于设计与维修。为降低零件的加工成本、方便设计,要对机械零件的尺寸进行标准化、系列化、简化,使零件的尺寸在满足使用要求的前提下,数量最少,在最小的成本和代价基础上实现互换性。在机械设计过程中零件的尺寸按下列优先数系选取:优先选择 R5,其次是 R10、R20、R40。优先数系是无量纲数值,在使用时可扩大 10、100、1 000 倍,或缩小成 1/10、1/100、1/1 000 等。

在公差配合各个标准的尺寸分段、公差值的确定中,优先使用了优先数系,达到了统一、简化的目的。

表 1-1 优先数系的基本系列(摘自 GB/T 321—1980)

基本尺寸系列	常用值										
R5	1.00				1.60				2.50		
R10	1.00		1.25		1.60		2.00		2.50		3.15
R20	1.00	1.12	1.25	1.40	1.60	1.80	2.00	2.24	2.50	2.80	3.15	3.55
R40	1.00	1.12	1.25	1.40	1.60	1.80	2.00	2.24	2.50	2.80	3.15	3.55
	1.06	1.18	1.32	1.50	1.70	1.90	2.12	2.36	2.65	3.00	3.35	3.75

基本尺寸系列	常用值									
R5	4.00				6.30				10.00	
R10	4.00		5.00		6.30		8.00		10.00	
R20	4.00	4.50	5.00	5.60	6.30	7.10	8.00	9.00	10.00	
R40	4.00	4.50	5.00	5.60	6.30	7.10	8.00	9.00	10.00	
	4.25	4.75	5.30	6.00	6.70	7.50	8.50	9.50		

1.3 技术测量

通过制定先进科学的公差标准,对机械产品和零部件规定合理的公差,是从图样技术规范角度保证互换性。若不采取正确的测量,确定出零部件的几何量的实际状态,也是不能实现机械产品、零部件的互换性的。采用科学的测量方法,在一定测量精确度的前提下,确定出零部件的尺寸值、形状与位置、表面形态的过程称为技术测量。技术测量是保证零件互换性的重要手段,它与机械制造水平的提高密不可分;技术测量的关键是测量的精确度,也就是测量时所产生测量误差的大小。在现代"产品几何技术规范与保证"体系中,通过制定工件误差评判准则、几何要素检验认证方法、计量器具要求、计量器具的定标与校准等标准,规范测量技术方法中的各要素,从而保证技术测量的精确度。

1.4 "公差配合与技术测量"课程的特点与要求

机械设计一般分为三个阶段:第一阶段为系统设计,确定总体方案与传动系统,以实现预期的功能;第二阶段为结构设计,确定具体的机械结构、所用零部件,满足机械的强度、刚度、耐磨性能、物理性能以及化学性能等方面的要求;第三阶段为精度设计,确定各零部件各几何参数的公差与极限偏差,制造中的测量原则与测量方法,使机械产品在保证工件精度、使用寿命前提下具有良好的制造经济性。显然本课程为第三阶段精度设计中的内容,选择合理的公差与极限偏差,不但可保证机械产品的几何参数互换性,还能够保证机械的使用寿命,降低制造成本。"公差配合与技术测量"课程就是要解决使用要求高性能与制造要求低成本之间矛盾的。

1. "公差配合与技术测量"课程的特点

① 教学内容的抽象化。误差和公差都是比较小的数值,在实际中,误差和公差是用肉眼看不见的,所以要求有较强的抽象思维能力。

② 应用的术语比较多。术语是本学科体系的基本构成要素,如果没有掌握本学科的术语就不能对本学科体系有正确的理解,术语是本课程的基础内容,也是正确理解各种标准的基础。所以要求对本课程的术语熟记于心,这样才能学好本课程,用本课程的知识去解决实际问题。

③ 应用的符号多。符号是术语的代表,符号可以简化术语的应用,可以用符号构成的逻辑关系式清楚表达本学科的科学体系。

④ 课程内容的规定性强。本课程主要介绍国家有关的标准,作为标准首先要求对标准内容理解的一致性,执行的严肃性,应用的普遍性。不要用自己的主观想象去解释标准。

⑤ 标准的应用性强。国家标准的运用是本课程的核心,而各种公差表的运用又是公差标准运用的基本技能。要熟练掌握各种公差表的使用方法,当给出公差等级与主参数后能很快地查出公差值,并能在图样上正确地标注。

⑥ 公差的选用需要掌握足够的资料与经验。各项公差的选择方法主要是类比法,类比法要求设计者掌握足够的类比实例,通过要选择的公差部位与类比样板的使用要求、工作条件等方面的对比分析,找出相同点与不同点,依据具体情况再对类比样板的公差进行修正,从而确定出本零件的公差技术要求。

⑦ 本课程联系的课程门数多。对于机械制造专业,"公差配合与技术测量"课程是沟通专业基础课与专业课的桥梁,是联系设计类课程与工艺类课程的纽带。本课程是要将设计类课程所完成的具有理想几何要素的图形变成可供制造使用的技术文件,是将体现在设计图上的图形转化成具体合格零件的技术保障。

⑧ 公差带图解是本课程重要的分析方法。各项公差的分析、比较用公差带图解可以将一个微米级的几何量在厘米、毫米的尺度上进行,实现了把微小量变大,将抽象变具体,能直观、真实地反映公差的要求、对误差的控制程度以及各相关公差之间的关系。

2. "公差配合与技术测量"课程的教学要求

① 熟练掌握本课程的基本概念、有关术语及定义;

② 基本掌握本课程公差标准的主要内容、特点、应用方法;

③ 会使用常用的量具与量仪,能独立完成一些基本技术测量;

④ 能对图样上标注的各种公差技术要求进行正确读解;

⑤ 能够对一般零件进行精度设计。

第 2 章　光滑圆柱体的公差与配合

【学习目的与要求】　掌握公差配合的基本术语与定义、公差配合标准的组成；会查公差表、基本偏差表；能用公差带图解出配合性质；能在图面上正确标注公差配合技术要求；在正确分析配合工作条件的基础上，选择出技术上满足使用要求、经济上合理的公差与配合。

2.1　概　述

光滑圆柱体的公差与配合是研究由单一尺寸确定的孔、轴公差与配合性质的问题。光滑圆柱体配合在机械工业中应用非常广泛，这种结合主要是由两个零件形成的结合，结合的性质主要是由孔、轴直径大小所确定。为获得不同性质的结合，就应制造出不同尺寸的孔和轴。在孔、轴结合中，针对不同的使用目的，有三种连接要求：

① 要求具有相对活动的连接：孔、轴结合可以相对运动；

② 要求相对固定的连接：孔、轴结合固定在一起，形成一个整体；

③ 要求紧密定心的连接：孔、轴结合精密定心。

光滑圆柱体的公差与配合是要解决如何针对孔轴配合的使用要求，选择合理的配合与孔轴公差带，协调好孔轴配合性能与制造经济性之间的矛盾。

2.2　几何要素

有关几何要素方面的术语是新一代产品几何技术规范（GPS）最重要的组成部分，它是设计人员、工艺人员、加工和检测人员理解产品几何量技术要求的基础，是准确贯彻新一代产品几何技术规范的重要保证。

2.2.1　几何要素定义

几何要素即是点、线或面。任何一个零件的形状都是由一些基本的几何形体所组成，这些基本几何形体又是由点、线、面所组成，所以点、线、面是构成零件几何形状最基本的要素。图 2-1 所示零件是由球面 F、圆柱面 G、圆锥面 H，轴线 N、圆柱面素线 L、圆锥面素线 K，圆锥顶点 J、球心 E 等几何要素组成的。

2.2.2　几何要素的分类

1. 按几何要素存在于零件上的相互关系来分

1）组成要素

组成要素是面或面上的线。组成要素直接构成零件的几何特征，如图 2-1 中的球面、圆柱面、圆柱面素线，圆锥面素线等。

组成要素中的尺寸要素是公差配合中最主要的要素，尺寸要素是由一定大小的线性尺寸

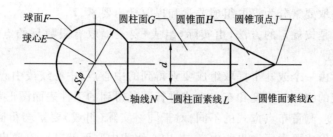

图 2-1　几何要素

或角度尺寸确定的几何形状。如图 2-1 中的球面 F 是由球的直径 $S\phi$ 所确定,圆柱面 G 是由圆柱直径 d 所确定,这样的几何形状是尺寸要素。

孔和轴是极限与配合制中所控制的尺寸要素,如图 2-2 所示。

孔通常是指工件的圆柱形内尺寸要素,也包括非圆柱形的内尺寸要素(由两平行平面或切面形成的包容面)。在图 2-2(a)中除圆柱形的孔外,两键槽侧面形成的包容区域也是孔。

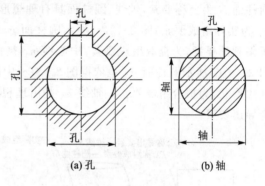

(a) 孔　　　(b) 轴

图 2-2　孔和轴

轴通常是指工件的圆柱形外尺寸要素,也包括非圆柱形的外尺寸要素(由两平行平面或切面形成的被包容面)。在图 2-2(b)中除圆柱形的轴外,键槽底面与轴切平面形成的被包容区域也是轴。

孔与轴的判定方法:孔是形成包容面,在切削加工时,其尺寸越来越大;轴是被包容面,在切削加工时,其尺寸是越来越小。

2)导出要素

导出要素是由一个或几个组成要素得到的中心点、中心线或中心面。导出要素不能独立存在,它是由组成要素按一定的规则所确定出来的。图 2-1 中的轴线、球心、圆锥顶点就是导出要素,如球心是由组成要素球面按到球心等距原则所确定出来的。

2. 按几何要素存在状态来分

1)公称要素

公称要素是指有几何学意义的要素,公称要素包括公称组成要素和公称导出要素。

公称组成要素是由技术制图或其他方法确定的理论正确组成要素。

公称导出要素是由一个或几个公称组成要素导出的中心点、轴线或中心平面。

2)实际(组成)要素

实际(组成)要素是由接近实际(组成)要素所限定的工件实际表面的组成要素部分。工件实际表面是实际存在并将整个工件与周围介质分隔的一组要素。工件的实际表面是工件加工后得到的真实表面,但由于任何测量都存在着测量误差和测量布点不能布满工件实际表面等,工件的真实表面永远得不到,通过测量得到的工件表面只能是实际表面的近似替代。

3)提取要素

为提高测量效率和保证评定误差的准确性,在对工件进行测量和评定误差时用提取要素代替实际要素。提取要素分为提取组成要素和提取导出要素。

提取组成要素是按规定的方法,由实际(组成)要素提取有限数目的点所形成的实际(组成)要素的近似替代。

提取导出要素由一个或几个提取组成要素得到的中心点、中心线或中心面。

对工件按一定的测量精确度和布点方式进行测量得到的工件表面图形就是提取(组成)要素,由于测量精确度、测量布点方式的不同,对于同一实际(组成)要素会得到不同的提取组成要素。由这些提取组成要素所导出的中心点、中心线或中心面就是提取导出要素。

4)拟合要素

拟合要素分拟合组成要素和拟合导出要素。

拟合组成要素是按规定方法由提取组成要素形成的并具有理想形状的组成要素。

拟合导出要素是由一个或几个拟合组成要素导出的中心点、轴线或中心平面。图 2-1 中圆柱面 G 为公称要素,轴线、圆柱面具有理想形状,如图 2-3(a)所示;图 2-3(b)所示圆柱面 g_1 为实际组成要素;图 2-3(c)所示圆柱面 g_2 是通过对实际圆柱面 g_1 上选取一定数目的点所得到的要素,为提取组成要素,中心线 n_2 是由圆柱面 g_2 所导出的要素,为提取导出要素;图 2-3(d)所示圆柱面 g_3 是依据图 2-3(c)中圆柱面 g_2 按最小条件拟合所得到的要素,具有理想形状,为拟合组成要素。轴线 n_3 是由理想圆柱面 g_3 导出得到的,也具有理想形状,为拟合导出要素。

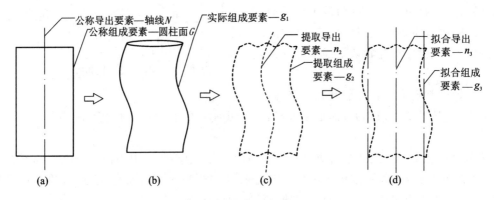

图 2-3 几何要素之间的关系

2.3 公差配合的基本术语及定义

2.3.1 有关尺寸的术语及定义

1. 尺 寸

尺寸是以特定单位表示线性尺寸值的数值。尺寸由三部分组成:尺寸数字、尺寸单位、尺寸形态。例如一个尺寸标注为 $\phi 25$,其尺寸数字是 25,尺寸单位是 mm,尺寸形态符号 ϕ 表示直径。当以 mm 为单位时在图面上不注明,尺寸形态符号 ϕ 表示直径,R 表示半径,$S\phi$ 表示球的直径。

公差配合的
基本术语及定义

(视频时长:9分
19秒,约39M)

2. 公称尺寸

公称尺寸是由图样规范确定的理想形状要素的尺寸。公称尺寸是在
图样规范中给出的,所确定的要素为理想形状要素,通过它运用上、下极限偏差可算出极限尺
寸。公称尺寸是设计人员在产品设计过程中依据产品的强度、刚度、结构、工艺要求等所确定,
并经过圆整后从标准尺寸系列中选取得到的,它是确定公差值和偏差值的依据。公称尺寸孔
用 D 表示,轴用 d 表示。

3. 提取组成要素的局部尺寸

提取组成要素的局部尺寸是一切提取组成要素上两对应点之间距离的统称。在光滑圆柱
体公差与配合中提取组成要素局部尺寸为提取圆柱面的局部尺寸和两平行提取表面的局部
尺寸。

提取圆柱面的局部尺寸是要素上两对应点之间的距离,如图 2-4(a)所示。其中,两对应
点的连线通过拟合圆的圆心;横截面垂直于由提取表面得到的拟合圆柱面的轴线。

两平行提取表面的局部尺寸是两平行对应提取表面上两对应点之间的距离,如
图 2-4(b)所示。其中,所有对应点的连线均垂直于拟合中心平面,拟合中心平面是由两平行
提取表面得到的两拟合平行平面的中心平面。

提取圆柱面的局部尺寸是通过测量获得的某一孔、轴的尺寸,孔用 D_a 表示,轴用 d_a 表
示。提取圆柱面的局部尺寸是确定零件是否合格的主要依据。由于零件存在着形状误差,在
各部位测量得到的提取组成要素的局部尺寸并不一致,在图 2-4 所示的零件中,$d_{a1} \neq d_{a2}$,l_{a1}
$\neq l_{a2} \neq l_{a3}$。由于测量存在着测量误差,在同一部位多次重复测量其尺寸值也不一致。

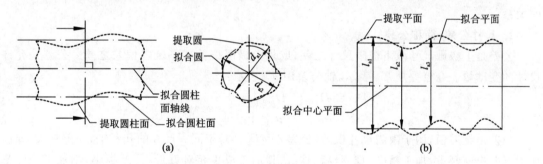

图 2-4 局部实际尺寸

4. 极限尺寸

极限尺寸是指尺寸要素允许的尺寸的两个极端。提取组成要素的局部尺寸应位于其中,
也可以达到极限尺寸。两个极限尺寸中最大的称为上极限尺寸,最小的称为下极限尺寸。上
极限尺寸和下极限尺寸都可大于、小于、等于公称尺寸。孔轴极限尺寸如图 2-5 所示。

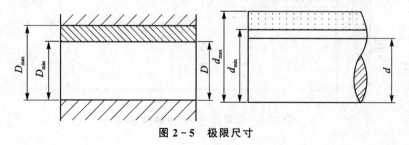

图 2-5 极限尺寸

上极限尺寸孔用 $D_{\max}$ 表示,轴用 $d_{\max}$ 表示。

下极限尺寸孔用 $D_{\min}$ 表示,轴用 $d_{\min}$ 表示。

2.3.2 偏差与公差

1. 偏差

偏差是某一尺寸减其公称尺寸所得的代数差。上极限尺寸减其公称尺寸的代数差称为上极限偏差;下极限尺寸减其公称尺寸的代数差称为下极限偏差;提取圆柱面的局部尺寸减其公称尺寸的代数差称为实际偏差。上极限偏差用 ES、es 表示,下极限偏差用 EI、ei 表示,大写代表孔,小写代表轴。上极限偏差和下极限偏差统称为极限偏差。极限尺寸与极限偏差、公差的关系如图 2-6 所示。

孔的极限偏差为

$$ES = D_{\max} - D \tag{2-1}$$
$$EI = D_{\min} - D \tag{2-2}$$

轴的极限偏差为

$$es = d_{\max} - d \tag{2-3}$$
$$ei = d_{\min} - d \tag{2-4}$$

由于上极限尺寸大于下极限尺寸,所以上极限偏差大于下极限偏差。极限尺寸可以大于、小于、等于公称尺寸,所以极限偏差可以大于零、小于零、等于零。极限偏差是设计时所确定的,实际偏差是测量后通过计算得到的。极限偏差是代数量,反映出极限尺寸与公称尺寸之间的关系。

2. 尺寸公差(简称公差)

公差是上极限尺寸减下极限尺寸之差,或是上极限偏差减下极限偏差之差。公差是允许尺寸的变动量。孔公差用 T_h 表示,轴公差用 T_s 表示:

$$T_h = |D_{\max} - D_{\min}| = |ES - EI| \tag{2-5}$$
$$T_s = |d_{\max} - d_{\min}| = |es - ei| \tag{2-6}$$

公差是绝对值,用于限制尺寸误差,公差不为零。对于同一尺寸的孔和轴,公差越大,允许加工误差也就越大,加工精度、难度也就越低,其加工成本相对就低;公差越小,则加工难度就越大,加工成本就越高。所以公差反映了加工成本与使用要求之间的矛盾。偏差用于限制提取组成要素的局部尺寸相对于公称尺寸的偏离程度,公差用于限制一批零件的提取组成要素的局部尺寸相互间的偏离程度。

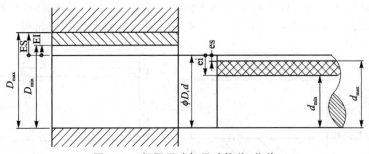

图 2-6 极限尺寸与尺寸偏差、公差

2.3.3　公差带图解

对于光滑圆柱体,上极限尺寸确定了实际孔、轴的最大极限状态,下极限尺寸确定了最小极限状态,对于圆柱形的孔和轴,该极限状态为一个理想圆柱面。合格的孔、轴表面应在这两个同轴的理想圆柱面之间的区域内。由于孔、轴极限状态是空间区域,并且极限偏差、公差值相对公称尺寸小得多,因此不便于按一定的比例绘出这样的空间图形进行极限与配合的分析与计算,所以将由上极限尺寸与下极限尺寸限定的空间区域转换为平面区域,同时将公称尺寸与极限偏差按同一比例绘制出,这样在同一平面上按一定比例绘出的反映出尺寸、偏差、公差相互关系的图为公差带图。公差带图由零线、公称尺寸、公差带、极限偏差、公差值等有关符号数字组成,公差带一般水平绘制,如图 2-7 所示。公差带图真实地反映出公称尺寸、极限尺寸、极限偏差、公差之间的关系。通过公差带图解算出公差配合的有关量值、分析配合性质的方法称为极限配合图解,又称为公差带图解。

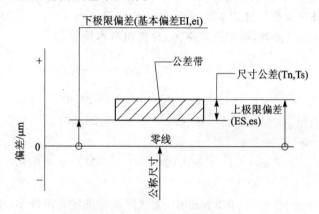

图 2-7　公差带图解

1. 零　线

零线是在公差带图解中,表示公称尺寸的一条直线,以其为基准确定极限偏差和公差。通常,零线沿水平方向绘制,零线为公称尺寸的尺寸上界线,正偏差位于其上,负偏差位于其下。

2. 公差带

公差带是在公差带图解中,由代表上极限偏差和下极限偏差或上极限尺寸和下极限尺寸的两条直线所限定的一个区域。公差带在垂直于零线方向上的宽度为公差值,两条直线距离零线的距离为极限偏差值,沿零线方向的长度没有限制要求。在公差带图解中极限偏差以 μm 为单位,可以不注出单位。

一个孔、轴公差带由以下两要素组成。

公差带大小:即公差带的宽度,由公差值确定;

公差带位置:即公差带相对零线的距离,由基本偏差确定。

3. 基本偏差

基本偏差是在本标准极限与配合制中,确定公差带相对零线位置的那个极限偏差。基本偏差可以是上极限偏差也可以是下极限偏差,一般为距零线较近的那个极限偏差。当公差带在零线上方时,基本偏差为下极限偏差;公差带在零线下方时,基本偏差为上极限偏差;公差带跨零线分布时,基本偏差为极限偏差绝对值中较小者。

[**例 2-1**] 一孔的公称尺寸为 $\phi25$ mm,上极限尺寸为 $\phi25.021$ mm,下极限尺寸为 $\phi25$ mm,计算出孔的上极限偏差、下极限偏差、公差,绘出公差带图,并指出基本偏差。

解

孔的极限偏差:

$$ES = D_{max} - D = 25.021 - 25 = +0.021$$

$$EI = D_{min} - D = 25 - 25 = 0$$

孔公差:

$$T_h = |D_{max} - D_{min}| = |25.021 - 25| = 0.021$$

基本偏差:

在 $ES = +0.021$、$EI = 0$ 中,下极限偏差的绝对值小,靠近零线,所以基本偏差为下极限偏差。

公差带如图 2-8(a)所示。

[**例 2-2**] 一轴的公称尺寸为 $\phi25$ mm,$es = -0.020$ mm,$ei = -0.033$ mm,计算出轴的上极限尺寸、下极限尺寸、公差,绘出公差带图,并指出基本偏差。

解

轴的极限尺寸:

$$d_{max} = d + es = 25 - 0.020 = 24.98$$

$$d_{min} = d + ei = 25 - 0.033 = 24.967$$

轴的公差:

$$T_s = |es - ei| = |-0.020 - (-0.033)| = 0.013$$

轴的基本偏差:

在 $es = -0.020$ mm、$ei = -0.033$ mm 中,上极限偏差的绝对值较小,靠近零线,所以上极限偏差为基本偏差。

公差带图如图 2-8(b)所示。

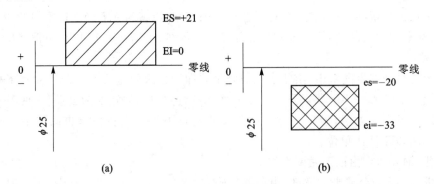

图 2-8 孔、轴的公差带图

2.3.4 配合与配合性质

1. 配 合

配合是指公称尺寸相同的并且相互结合的孔和轴公差带之间的关系。

配合条件:孔和轴相互结合,即孔包容轴;孔轴的公称尺寸相同。

配合性质：相互结合的孔、轴尺寸大小之间的关系。孔的尺寸减去相配合的轴尺寸之差为正时称为间隙，用符号 X 表示；其差值为负时称为过盈，用符号 Y 表示。因提取圆柱面的局部尺寸都在各自的极限尺寸之间变化，故孔与轴配合得到的间隙和过盈也是变化的。允许间隙和过盈的变动量称为配合公差，用 T_f 表示。间隙和过盈反映出孔、轴配合松紧程度，配合公差反映配合松紧的变化程度。

配合分类：依据孔轴公差带相互位置关系将配合分为间隙配合、过盈配合、过渡配合三类。

（1）间隙配合

间隙配合是孔轴配合具有间隙（包括最小间隙等于零）的配合，此时孔公差带在轴的公差带上方。即按一定技术要求加工的孔和轴，合格孔、轴配合都得到间隙，也就是孔的尺寸都大于或等于相配合轴的尺寸，公差带关系如图 2-9(a)所示。

间隙配合最松的配合状态发生在孔为上极限尺寸和轴为下极限尺寸之时，为最大间隙，用符号 X_{max} 表示。最紧的配合状态发生在孔为下极限尺寸和轴为上极限尺寸之时，为最小间隙，用 X_{min} 表示。允许间隙的变动量称为配合公差，用 T_f 表示。

$$X_{max} = D_{max} - d_{min} = ES - ei \qquad (2-7)$$

$$X_{min} = D_{min} - d_{max} = EI - es \qquad (2-8)$$

$$T_f = |X_{max} - X_{min}| = T_h + T_s \qquad (2-9)$$

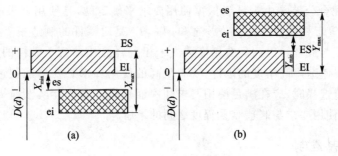

图 2-9　间隙配合与过盈配合

（2）过盈配合

孔轴配合形成具有过盈（包括最小过盈等于零）的配合，此时孔公差带在轴公差带的下方，公差带关系如图 2-9(b)所示。过盈配合即合格的孔和轴配合都得到过盈，孔的尺寸都小于或等于相配合轴的尺寸。

当孔为上极限尺寸，轴为下极限尺寸时获得的配合过盈为最小，为最小过盈，用 Y_{min} 表示；当孔为下极限尺寸，轴为上极限尺寸，配合得到过盈为最大，为最大过盈，用 Y_{max} 表示。允许配合过盈的变动量称为过盈的配合公差，用 T_f 表示。

$$Y_{min} = D_{max} - d_{min} = ES - ei \qquad (2-10)$$

$$Y_{max} = D_{min} - d_{max} = EI - es \qquad (2-11)$$

$$T_f = |Y_{max} - Y_{min}| = T_h + T_s \qquad (2-12)$$

（3）过渡配合

孔轴配合可能具有间隙也可能具有过盈的配合。此时孔和轴的公差带相互重叠。公差带关系如图 2-10 所示。

当孔为上极限尺寸,轴为下极限尺寸时获得最大间隙,当孔为下极限尺寸,轴为上极限尺寸时获得最大过盈。配合公差为最大间隙减去最大过盈。

$$X_{\max} = D_{\max} - d_{\min} = \text{ES} - \text{ei} \tag{2-13}$$

$$Y_{\max} = D_{\min} - d_{\max} = \text{EI} - \text{es} \tag{2-14}$$

$$T_f = |X_{\max} - Y_{\max}| = T_h + T_s \tag{2-15}$$

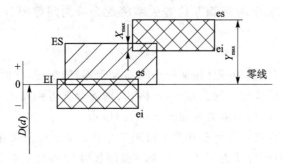

图 2-10 过渡配合

2. 配合公差

间隙配合、过盈配合、过渡配合的配合公差为组成配合的孔、轴公差之和。$T_f = |X_{\max} - X_{\min}|$、$T_f = |Y_{\max} - Y_{\min}|$、$T_f = |X_{\max} - Y_{\max}|$ 表明:T_f 是允许间隙和过盈的变动量,是孔轴配合的装配精度。配合公差是由设计者依据使用要求来确定的,是使用要求的反映;$T_f = T_h + T_s$ 表明配合公差等于相配合的孔轴公差之和,T_h、T_s 是对零件的制造精度的反映,决定了孔轴的制造难易程度与成本。因此配合精度取决于相配合的孔轴两个零件的制造精度,要得到高精度的配合就要制造出高精度的零件,要满足高的使用要求必要增加制造难度与成本。所以在进行公差配合选择时,应在满足使用要求和保证具有良好的互换性前提下使零件有最大的公差值,协调好使用要求与制造难易程度之间的矛盾。

2.3.5 配合的基准制

1. 基孔制配合

基孔制是基本偏差为一定的孔的公差带,与不同基本偏差的轴的公差带形成各种配合的一种制度。国家标准《极限与配合》(GB/T 1800.1—2009)中规定的基孔制中的孔称为基准孔,基准孔的下极限尺寸与公称尺寸相等,基本偏差 EI＝0,基孔制配合如图 2-11 所示。

2. 基轴制配合

基轴制是基本偏差为一定的轴的公差带,与不同基本偏差的孔的公差带形成各种配合的一种制度。国家标准《极限与配合》(GB/T 1800.1—2009)中规定基轴制中的轴称为基准轴,基准轴的上极限尺寸与公称尺寸相等,基本偏差 es＝0,基轴制配合如图 2-12 所示。

[例 2-3] 孔 $\phi 25^{+0.021}_{0}$ 与轴 $\phi 25^{-0.020}_{-0.033}$ 配合,试确定出配合类别,计算出配合极限间隙或极限过盈,配合公差。

解

(1) 绘出公差带图,判别配合种类

从公差带图 2-13 中可以看出,相配合的孔、轴公差带的关系是:孔公差带在轴公差带上方,所以该配合为间隙配合。

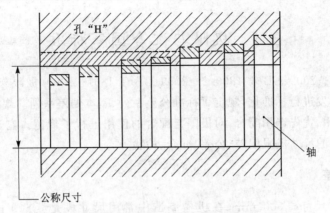

注：水平实线代表孔或轴的基本偏差。虚线代表另一个极限，表示孔与轴之间可能的不同组合与它们的公差等级有关。

图 2 - 11　基孔制配合

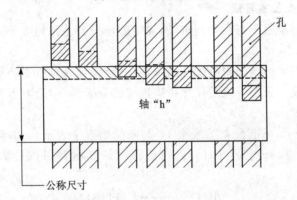

注：水平实线代表孔或轴的基本偏差。虚线代表另一个极限，表示孔与轴之间可能的不同组合与它们的公差等级有关。

图 2 - 12　基轴制配合

（2）计算出配合性质

最大间隙：$X_{\max} = \mathrm{ES} - \mathrm{ei} = +0.021 - (-0.033) = +0.054$

最小间隙：$X_{\min} = \mathrm{EI} - \mathrm{es} = 0 - (-0.020) = +0.020$

配合公差：$T_{\mathrm{f}} = |X_{\max} - X_{\min}| = |0.054 - 0.020| = 0.034$

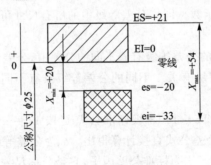

图 2 - 13　公差带图

2.4 极限与配合国家标准

GB/T 1800.1—2009、GB/T 1800.2—2009、GB/T 1801—2009《极限与配合》等国家标准从公差带二要素出发进行标准化,规定了标准公差系列、基本偏差系列。规定了一般、常用、优先选用公差带,常用、优先选用配合,对极限与配合的使用进行了规范。它适用于圆柱体及非圆柱体的光滑工件的尺寸极限偏差、公差、配合、检验等。

2.4.1 标准公差

标准中对公称尺寸≤500 mm(在机械制造中常用尺寸段是≤500 mm,对于>500~3 150 mm 也规定了公差,但本教材不作为主要内容)的尺寸段规定了公差值,这些公差值形成的系列为标准公差系列。

1. 标准公差与标准公差等级

标准公差是在本标准极限与配合制中,所规定的任一公差。标准公差用于确定公差带的大小。

标准公差等级是在本标准极限与配合制中,同一公差等级对所有公称尺寸的一组公差被认为具有同等精确程度。公差等级是尺寸精确程度的分级,同一公差等级的所有公称尺寸具有相同的加工难易程度。

标准公差用 IT 表示,标准公差等级由 IT 与阿拉伯数字表示,如 6 级标准公差写成 IT6级。标准公差分为 20 级,分别是 IT01、IT0、IT1、IT2~IT18 级,IT01 级精确程度最高,IT18级精确程度最低。

公差等级大小: 小(IT01)◄──►大(IT18)

公差等级精确程度高低: 高(IT01)◄──►低(IT18)

IT5 与 IT7 级相比较:IT5 比 IT7 公差等级小二级,IT5 比 IT7 精度高二级。

2. 标准公差值

标准公差按公称尺寸段由小到大、公差等级由高到低在表中排列,公称尺寸按尺寸大小划分为若干的尺寸段,从表 2-1 中可以看出:

① 同一尺寸段内的所有公称尺寸具有同一公差值,不同尺寸段的尺寸有不同的公差值。

② 同一公差等级对应不同的尺寸段有不同的公差值,且公差值随着尺寸的增大而增大,所以标准公差是公称尺寸的函数。同一公差等级中的所有尺寸可以认为具有相同的加工难易程度。

③ 同一尺寸段对应不同的公差等级有着不同的公差值,公差值随着公差等级的增大而增大,所以标准公差值与公差等级有关。不同的公差等级具有不同的精确程度,也就是它们具有不同的加工难易程度。

实际上,常用尺寸段中 IT5~IT18 级标准公差是按 $IT = a \times i$ 公式计算得到的,对于IT01~IT4 级标准公差是按公差公式直接计算得出。a 为公差等级系数,公差等级越高,a 值越小;公差等级越低,a 值越大。i 为标准公差因子,它是公称尺寸的函数。

标准公差因子 i 是计算标准公差的基本单位,标准公差因子是对加工误差进行统计分析、考虑到加工误差与测量误差对加工精度的综合影响所得出的公式。

在$\leqslant 500$ mm,IT5~IT18 级中,公差因子为：$i = 0.45\sqrt[3]{D} + 0.001D$（$D$ 为公称尺寸段的几何平均值）。

3. 尺寸分段

依据 $IT = a \times i$,针对每一个公称尺寸都可得到一个公差值。在公称尺寸相近时,其计算得到的标准公差值相差很小,这样计算标准公差会使公差表变得庞大并且不方便使用。为便于使用,简化公差表格,并在使用时不产生较大的偏差,GB/T 1800.1—2009 将公称尺寸划分为若干个尺寸段,每一个尺寸段给出统一的标准公差值。

国家标准划分公差等级和尺寸分段的目的是简化和统一标准公差,使规定的公差等级既能满足不同的使用要求,又能大致代表各种加工方法的精度,从而既有利于设计,又有利于制造。

表 2 - 1 标准公差数值（GB/T 1800.1—2009）

公称尺寸 /mm		标准公差等级																				
		IT01	IT0	IT1	IT2	IT3	IT4	IT5	IT6	IT7	IT8	IT9	IT10	IT11	IT12	IT13	IT14	IT15	IT16	IT17	IT18
大于	至	μm													mm						
—	3	0.3	0.5	0.8	1.2	2	3	4	6	10	14	25	40	60	0.10	0.14	0.25	0.40	0.60	1.0	1.4
3	6	0.4	0.6	1	1.5	2.5	4	5	8	12	18	30	48	75	0.12	0.18	0.30	0.48	0.75	1.2	1.8
6	10	0.4	0.6	1	1.5	2.5	4	6	9	15	22	36	58	90	0.15	0.22	0.36	0.58	0.90	1.5	2.2
10	18	0.5	0.8	1.2	2	3	5	8	11	18	27	43	70	110	0.18	0.27	0.43	0.70	1.10	1.8	2.7
18	30	0.6	1	1.5	2.5	4	6	9	13	21	33	52	84	130	0.21	0.33	0.52	0.84	1.30	2.1	3.3
30	50	0.6	1	1.5	2.5	4	7	11	16	25	39	62	100	160	0.25	0.39	0.62	1.00	1.60	2.5	3.9
50	80	0.8	1.2	2	3	5	8	13	19	30	46	74	120	190	0.30	0.46	0.74	1.20	1.90	3.0	4.6
80	120	1	1.5	2.5	4	6	10	15	22	35	54	87	140	220	0.35	0.54	0.87	1.40	2.20	3.5	5.4
120	180	1.2	2	3.5	5	8	12	18	25	40	63	100	160	250	0.40	0.63	1.00	1.60	2.50	4.0	6.3
180	250	2	3	4.5	7	10	14	20	29	46	72	115	185	290	0.46	0.72	1.15	1.85	2.90	4.6	7.2
250	315	2.5	4	6	8	12	16	23	32	52	81	130	210	320	0.52	0.81	1.30	2.10	3.20	5.2	8.1
315	400	3	5	7	9	13	18	25	36	57	89	140	230	360	0.57	0.89	1.40	2.30	3.60	5.7	8.9
400	500	4	6	8	10	15	20	27	40	63	97	155	250	400	0.63	0.97	1.55	2.50	4.00	6.3	9.7

注：公称尺寸小于或等于 1 mm 时,无 IT14~IT18。

[例 2 - 4] 查出下列标准公差值：

① 公称尺寸为 67 mm,公差等级为 8 级的标准公差；

② 公称尺寸为 50 mm,公差等级为 12 级的标准公差；

③ 公称尺寸为 85 mm,公差等级为 4 级的标准公差；

④ 公称尺寸为 180 mm,公差等级为 10 级的标准公差。

解

标准公差表的运用方法是：在公称尺寸栏中,找到含有所查公称尺寸值的尺寸段（如尺寸50 mm 查大于 30 至 50 尺寸段）,然后向公差表的右方划横线；在公差等级栏中找到所查的公差等级,向下划线,两条直线的交点值即为所查的标准公差值。本题所查出的标准公差如表 2 - 2 所列。

表 2-2　标准公差数值

公称尺寸/mm	公差等级	公差值	公差值单位
67	8 级	46	μm
50	12 级	0.25	mm
85	4 级	10	μm
180	10 级	160	μm

2.4.2　基本偏差与公差带

1. 基本偏差与代号

基本偏差是极限偏差中的一个偏差值,作用是确定公差带相对于零线的位置。通过对基本偏差的标准化、系列化,可以实现公差带位置的标准化,进一步实现配合的标准化与系列化。

GB/T 1800.1—2009 中规定了 28 个孔、轴基本偏差,分别用 21 个单写字母、7 个双写字母表示(字母为拉丁字母,可按英语读音),大写表示孔,小写表示轴。28 个基本偏差形成了基本偏差系列,如图 2-14 所示。表 2-3、表 2-4 所列为孔、轴的基本偏差值。

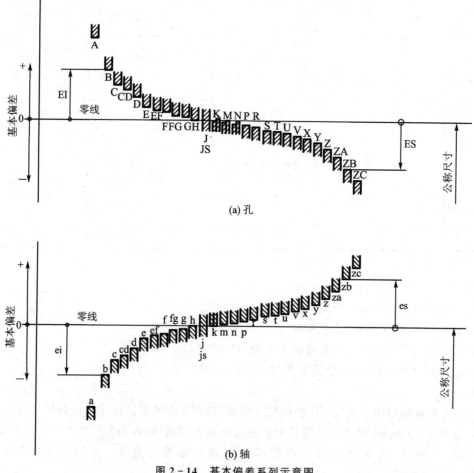

(a) 孔

(b) 轴

图 2-14　基本偏差系列示意图

表 2-3　轴的基本偏差值（摘自 GB/T 1800.1—2009）

单位：μm

公称尺寸/mm 大于	至	a	b	c	cd	d	e	ef	f	fg	g	h	js	j IT5和IT6	j IT7	j IT8	k IT4~IT7	k ≤IT3,>IT7	m	n	p	r	s	t	u	v	x	y	z	za	zb	zc
上极限偏差 es（所有标准公差等级）														下极限偏差 ei																		
—	3	-270	-140	-60	-34	-20	-14	-10	-6	-4	-2	0	偏差 = $\pm IT_n/2$（式中 IT_n 是 IT 值数）	-2	-4	-6	0	0	+2	+4	+6	+10	+14		+18		+20		+26	+32	+40	+60
3	6	-270	-140	-70	-46	-30	-20	-14	-10	-6	-4	0		-2	-4		+1	0	+4	+8	+12	+15	+19		+23		+28		+35	+42	+50	+80
6	10	-280	-150	-80	-56	-40	-25	-18	-13	-8	-5	0		-2	-5		+1	0	+6	+10	+15	+19	+23		+28		+34		+42	+52	+67	+97
10	14	-290	-150	-95		-50	-32		-16		-6	0		-3	-6		+1	0	+7	+12	+18	+23	+28		+33		+40		+50	+64	+90	+130
14	18	-290	-150	-95		-50	-32		-16		-6	0		-3	-6		+1	0	+7	+12	+18	+23	+28		+33	+39	+45		+60	+77	+108	+150
18	24	-300	-160	-110		-65	-40		-20		-7	0		-4	-8		+2	0	+8	+15	+22	+28	+35		+41	+47	+54	+63	+73	+98	+136	+188
24	30	-300	-160	-110		-65	-40		-20		-7	0		-4	-8		+2	0	+8	+15	+22	+28	+35	+41	+48	+55	+64	+75	+88	+118	+160	+218
30	40	-310	-170	-120		-80	-50		-25		-9	0		-5	-10		+2	0	+9	+17	+26	+34	+43	+48	+60	+68	+80	+94	+112	+148	+200	+274
40	50	-320	-180	-130		-80	-50		-25		-9	0		-5	-10		+2	0	+9	+17	+26	+34	+43	+54	+70	+81	+97	+114	+136	+180	+242	+325
50	65	-340	-190	-140		-100	-60		-30		-10	0		-7	-12		+2	0	+11	+20	+32	+41	+53	+66	+87	+102	+122	+144	+172	+226	+300	+405
65	80	-360	-200	-150		-100	-60		-30		-10	0		-7	-12		+2	0	+11	+20	+32	+43	+59	+75	+102	+120	+146	+174	+210	+274	+360	+480
80	100	-380	-220	-170		-120	-72		-36		-12	0		-9	-15		+3	0	+13	+23	+37	+51	+71	+91	+124	+146	+178	+214	+258	+335	+445	+585
100	120	-410	-240	-180		-120	-72		-36		-12	0		-9	-15		+3	0	+13	+23	+37	+54	+79	+104	+144	+172	+210	+254	+310	+400	+525	+690
120	140	-460	-260	-200		-145	-85		-43		-14	0		-11	-18		+3	0	+15	+27	+43	+63	+92	+122	+170	+202	+248	+300	+365	+470	+620	+800
140	160	-520	-280	-210		-145	-85		-43		-14	0		-11	-18		+3	0	+15	+27	+43	+65	+100	+134	+190	+228	+280	+340	+415	+535	+700	+900
160	180	-580	-310	-230		-145	-85		-43		-14	0		-11	-18		+3	0	+15	+27	+43	+68	+108	+146	+210	+252	+310	+380	+465	+600	+780	+1000
180	200	-660	-340	-240		-170	-100		-50		-15	0		-13	-21		+4	0	+17	+31	+50	+77	+122	+166	+236	+284	+350	+425	+520	+670	+880	+1150
200	225	-740	-380	-260		-170	-100		-50		-15	0		-13	-21		+4	0	+17	+31	+50	+80	+130	+180	+258	+310	+385	+470	+575	+740	+960	+1250
225	250	-820	-420	-280		-170	-100		-50		-15	0		-13	-21		+4	0	+17	+31	+50	+84	+140	+196	+284	+340	+425	+520	+640	+820	+1050	+1350
250	280	-920	-480	-300		-190	-110		-56		-17	0		-16	-26		+4	0	+20	+34	+56	+94	+158	+218	+315	+385	+475	+580	+710	+920	+1200	+1550
280	315	-1050	-540	-330		-190	-110		-56		-17	0		-16	-26		+4	0	+20	+34	+56	+98	+170	+240	+350	+425	+525	+650	+790	+1000	+1300	+1700
315	355	-1200	-600	-360		-210	-125		-62		-18	0		-18	-28		+4	0	+21	+37	+62	+108	+190	+268	+390	+475	+590	+730	+900	+1150	+1500	+1900
355	400	-1350	-680	-400		-210	-125		-62		-18	0		-18	-28		+4	0	+21	+37	+62	+114	+208	+294	+435	+530	+660	+820	+1000	+1300	+1650	+2100
400	450	-1500	-760	-440		-230	-135		-68		-20	0		-20	-32		+5	0	+23	+40	+68	+126	+232	+330	+490	+595	+740	+920	+1100	+1450	+1850	+2400
450	500	-1650	-840	-480		-230	-135		-68		-20	0		-20	-32		+5	0	+23	+40	+68	+132	+252	+360	+540	+660	+820	+1000	+1250	+1600	+2100	+2600
500	560					-260	-145		-76		-22	0					0	0	+26	+44	+78	+150	+280	+400	+600							
560	630					-260	-145		-76		-22	0					0	0	+26	+44	+78	+155	+310	+450	+660							
630	710					-290	-160		-80		-24	0					0	0	+30	+50	+88	+175	+340	+500	+740							
710	800					-290	-160		-80		-24	0					0	0	+30	+50	+88	+185	+380	+560	+840							
800	900					-320	-170		-86		-26	0					0	0	+34	+56	+100	+210	+430	+620	+940							
900	1000					-320	-170		-86		-26	0					0	0	+34	+56	+100	+220	+470	+680	+1050							
1000	1120					-350	-195		-98		-28	0					0	0	+40	+66	+120	+250	+520	+780	+1150							
1120	1250					-350	-195		-98		-28	0					0	0	+40	+66	+120	+260	+580	+840	+1300							
1250	1400					-390	-220		-110		-30	0					0	0	+48	+78	+140	+300	+640	+960	+1450							
1400	1600					-390	-220		-110		-30	0					0	0	+48	+78	+140	+330	+720	+1050	+1600							
1600	1800					-430	-240		-120		-32	0					0	0	+58	+92	+170	+370	+820	+1200	+1850							
1800	2000					-430	-240		-120		-32	0					0	0	+58	+92	+170	+400	+920	+1350	+2000							
2000	2240					-480	-260		-130		-34	0					0	0	+68	+110	+195	+440	+1000	+1500	+2300							
2240	2500					-480	-260		-130		-34	0					0	0	+68	+110	+195	+460	+1100	+1650	+2500							
2500	2800					-520	-290		-145		-38	0					0	0	+76	+135	+240	+550	+1250	+1900	+2900							
2800	3150					-520	-290		-145		-38	0					0	0	+76	+135	+240	+580	+1400	+2100	+3200							

注：公称尺寸小于或等于 1 mm 时，基本偏差 a 和 b 均不采用。公差带 js7~js11，若 IT_n 值数是奇数，则取偏差 $= \pm \dfrac{IT_n - 1}{2}$。

表 2-4　孔的基本偏差值（GB/T 1800.1—2009）

单位：μm

公称尺寸/mm 大于	至	A	B	C	CD	D	E	EF	F	FG	G	H	JS	J IT6	J IT7	J IT8	K ≤IT8	M ≤IT8	N ≤IT8	N >IT8	P	R	S	T	U	V	X	Y	Z	ZA	ZB	ZC	Δ IT3	Δ IT4	Δ IT5	Δ IT6	Δ IT7	Δ IT8
—	3	+270	+140	+60	+34	+20	+14	+10	+6	+4	+2	0	±ITn/2	+2	+4	+6	0	−2	−4	−4	−6	−10	−14		−18		−20		−26	−32	−40	−60	0	0	0	0	0	0
3	6	+270	+140	+70	+46	+30	+20	+14	+10	+6	+4	0		+5	+6	+10	−1+Δ	−4+Δ	−8+Δ	0	−12	−15	−19		−23		−28		−35	−42	−50	−80	1	1.5	1	3	4	6
6	10	+280	+150	+80	+56	+40	+25	+18	+13	+8	+5	0		+5	+8	+12	−1+Δ	−6+Δ	−10+Δ	0	−15	−19	−23		−28		−34		−42	−52	−67	−97	1	1.5	2	3	6	7
10	14	+290	+150	+95		+50	+32		+16		+6	0		+6	+10	+15	−1+Δ	−7+Δ	−12+Δ	0	−18	−23	−28		−33		−40		−50	−64	−90	−130	1	2	3	3	7	9
14	18	+290	+150	+95		+50	+32		+16		+6	0		+6	+10	+15	−1+Δ	−7+Δ	−12+Δ	0	−18	−23	−28		−33		−45		−60	−77	−108	−150	1	2	3	3	7	9
18	24	+300	+160	+110		+65	+40		+20		+7	0		+8	+12	+20	−2+Δ	−8+Δ	−15+Δ	0	−22	−28	−35		−41	−39	−54	−63	−73	−98	−136	−188	1.5	2	3	4	8	12
24	30	+300	+160	+110		+65	+40		+20		+7	0		+8	+12	+20	−2+Δ	−8+Δ	−15+Δ	0	−22	−28	−35	−41	−48	−47	−64	−75	−88	−118	−160	−218	1.5	2	3	4	8	12
30	40	+310	+170	+120		+80	+50		+25		+9	0		+10	+14	+24	−2+Δ	−9+Δ	−17+Δ	0	−26	−34	−43	−48	−60	−55	−80	−94	−112	−148	−200	−274	1.5	3	4	5	9	14
40	50	+320	+180	+130		+80	+50		+25		+9	0		+10	+14	+24	−2+Δ	−9+Δ	−17+Δ	0	−26	−34	−43	−54	−70	−68	−97	−114	−136	−180	−242	−325	1.5	3	4	5	9	14
50	65	+340	+190	+140		+100	+60		+30		+10	0		+13	+18	+28	−2+Δ	−11+Δ	−20+Δ	0	−32	−41	−53	−66	−87	−81	−122	−144	−172	−226	−300	−405	2	3	5	6	11	16
65	80	+360	+200	+150		+100	+60		+30		+10	0		+13	+18	+28	−2+Δ	−11+Δ	−20+Δ	0	−32	−43	−59	−75	−102	−102	−146	−174	−210	−274	−360	−480	2	3	5	6	11	16
80	100	+380	+220	+170		+120	+72		+36		+12	0		+16	+22	+34	−3+Δ	−13+Δ	−23+Δ	0	−37	−51	−71	−91	−124	−120	−178	−214	−258	−335	−445	−585	2	4	5	7	13	19
100	120	+410	+240	+180		+120	+72		+36		+12	0		+16	+22	+34	−3+Δ	−13+Δ	−23+Δ	0	−37	−54	−79	−104	−144	−146	−210	−254	−310	−400	−525	−690	2	4	5	7	13	19
120	140	+460	+260	+200		+145	+85		+43		+14	0		+18	+26	+41	−3+Δ	−15+Δ	−27+Δ	0	−43	−63	−92	−122	−170	−172	−248	−300	−365	−470	−620	−800	3	4	6	7	15	23
140	160	+520	+280	+210		+145	+85		+43		+14	0		+18	+26	+41	−3+Δ	−15+Δ	−27+Δ	0	−43	−65	−100	−134	−190	−202	−280	−340	−415	−535	−700	−900	3	4	6	7	15	23
160	180	+580	+310	+230		+145	+85		+43		+14	0		+18	+26	+41	−3+Δ	−15+Δ	−27+Δ	0	−43	−68	−108	−146	−210	−228	−310	−380	−465	−600	−780	−1000	3	4	6	7	15	23
180	200	+660	+340	+240		+170	+100		+50		+15	0		+22	+30	+47	−4+Δ	−17+Δ	−31+Δ	0	−50	−77	−122	−166	−236	−252	−350	−425	−520	−670	−880	−1150	3	4	6	9	17	26
200	225	+740	+380	+260		+170	+100		+50		+15	0		+22	+30	+47	−4+Δ	−17+Δ	−31+Δ	0	−50	−80	−130	−180	−258	−284	−385	−470	−575	−740	−960	−1250	3	4	6	9	17	26
225	250	+820	+420	+280		+170	+100		+50		+15	0		+22	+30	+47	−4+Δ	−17+Δ	−31+Δ	0	−50	−84	−140	−196	−284	−310	−425	−520	−640	−820	−1050	−1350	3	4	6	9	17	26
250	280	+920	+480	+300		+190	+110		+56		+17	0		+25	+36	+55	−4+Δ	−20+Δ	−34+Δ	0	−56	−94	−158	−218	−315	−340	−475	−580	−710	−920	−1200	−1550	4	4	7	9	20	29
280	315	+1050	+540	+330		+190	+110		+56		+17	0		+25	+36	+55	−4+Δ	−20+Δ	−34+Δ	0	−56	−98	−170	−240	−350	−385	−525	−650	−790	−1000	−1300	−1700	4	4	7	9	20	29
315	355	+1200	+600	+360		+210	+125		+62		+18	0		+29	+39	+60	−4+Δ	−21+Δ	−37+Δ	0	−62	−108	−190	−268	−390	−425	−590	−730	−900	−1150	−1500	−1900	4	5	7	11	21	32
355	400	+1350	+680	+400		+210	+125		+62		+18	0		+29	+39	+60	−4+Δ	−21+Δ	−37+Δ	0	−62	−114	−208	−294	−435	−475	−660	−820	−1000	−1300	−1650	−2100	4	5	7	11	21	32
400	450	+1500	+760	+440		+230	+135		+68		+20	0		+33	+43	+66	−5+Δ	−23+Δ	−40+Δ	0	−68	−126	−232	−330	−490	−530	−740	−920	−1100	−1450	−1850	−2400	5	5	7	13	23	34
450	500	+1650	+840	+480		+230	+135		+68		+20	0		+33	+43	+66	−5+Δ	−23+Δ	−40+Δ	0	−68	−132	−252	−360	−540	−595	−820	−1000	−1250	−1600	−2100	−2600	5	5	7	13	23	34
500	560					+260	+145		+76		+22	0					0	−26	−44		−78	−150	−280	−400	−600													
560	630					+260	+145		+76		+22	0					0	−26	−44		−78	−155	−310	−450	−660													
630	710					+290	+160		+80		+24	0					0	−30	−50		−88	−175	−340	−500	−740													
710	800					+290	+160		+80		+24	0					0	−30	−50		−88	−185	−380	−560	−840													
800	900					+320	+170		+86		+26	0					0	−34	−56		−100	−210	−430	−620	−940													
900	1000					+320	+170		+86		+26	0					0	−34	−56		−100	−220	−470	−680	−1050													
1000	1120					+350	+195		+98		+28	0					0	−40	−66		−120	−250	−520	−780	−1150													
1120	1250					+350	+195		+98		+28	0					0	−40	−66		−120	−260	−580	−840	−1300													
1250	1400					+390	+220		+110		+30	0					0	−48	−78		−140	−300	−640	−960	−1450													
1400	1600					+390	+220		+110		+30	0					0	−48	−78		−140	−330	−720	−1050	−1600													
1600	1800					+430	+240		+120		+32	0					0	−58	−92		−170	−370	−820	−1200	−1850													
1800	2000					+430	+240		+120		+32	0					0	−58	−92		−170	−400	−920	−1350	−2000													
2000	2240					+480	+260		+130		+34	0					0	−68	−110		−195	−440	−1000	−1500	−2300													
2240	2500					+480	+260		+130		+34	0					0	−68	−110		−195	−460	−1100	−1650	−2500													
2500	2800					+520	+290		+145		+38	0					0	−76	−135		−240	−550	−1250	−1900	−2900													
2800	3150					+520	+290		+145		+38	0					0	−76	−135		−240	−580	−1400	−2100	−3200													

注：① 公称尺寸小于或等于1mm时，基本偏差A和B及大于IT8的N均不采用。公差带JS7至JS11，若ITn值数是奇数，则取偏差=±(ITn−1)/2。

② 对小于或等于IT8的K、M、N和小于或等于IT7的P至ZC，所需Δ值从表内右侧选取。例如：18mm～30mm段的K7，Δ=8μm，所以ES=−2+8=+6μm；18mm～30mm段的S6，Δ=4μm，所以ES=−35+4=−31μm。特殊情况：250mm～315mm段的M6，ES=−9μm（代替−11μm）。

2. 基本偏差分布规律

孔的基本偏差分布规律是：

A～H 公差带位于零线的上方，基本偏差为下极限偏差 EI，且 EI≥0，只有 H 基本偏差 EI＝0。

J～ZC 公差带大部分位于零线的下方，基本偏差为上极限偏差 ES，且多为 ES≤0。JS 的公差带相对零线对称分布，基本偏差为±IT/2，当标准公差为奇数时为±$(IT_n-1)/2$（当为 IT7～IT11 时）。

轴的基本偏差分布规律是：

a～h 公差带位于零线的下方，基本偏差为上极限偏差 es，且 es≤0，只有 h 为上极限偏差 es＝0。

j～zc 公差带大部分位于零线的上方，基本偏差为下极限偏差 ei，且多为 ei≥0。js 的公差带相对零线对称分布，基本偏差为±IT/2，当标准公差为奇数时为±$(IT_n-1)/2$（当为 IT7～IT11 时）。

绝大部分的基本偏差数值与公差等级无关，即在同一尺寸段内的所有公称尺寸，对应所有的公差等级具有相同的基本偏差；只有少部分的基本偏差(J,K,M,N,j,k)对于不同的公差等级有不同的基本偏差。

在图 2-14 中可以看出，用同一代号表示的孔基本偏差与轴的基本偏差相对零线呈对称分布。在具体数值上，大部分为 ES＝-ei 或 EI＝-es；对于公差等级≤IT8 的孔基本偏差 J、K、M、N，公差等级≤IT7 级的孔基本偏差 P～ZC 与对应轴的基本偏差之间的关系为 ES＝-ei＋Δ。Δ＝IT_n-IT_{n-1}。

H 孔与 h 轴的基本偏差都为零，即 EI＝es＝0。H 孔为基准孔，h 轴为基准轴。

当基本偏差确定后，另一个极限偏差可用下列公式计算：

$$孔 \qquad\qquad ES＝EI＋IT_n \quad 或 \quad EI＝ES－IT_n \qquad\qquad (2-16)$$
$$轴 \qquad\qquad es＝ei＋IT_n \quad 或 \quad ei＝es－IT_n \qquad\qquad (2-17)$$

其中，IT_n 为 n 级标准公差值。

3. 形成的基孔制、基轴制配合

(1) 轴的基本偏差与基准孔 H 形成的基孔制配合

轴的基本偏差 a～h，与基准孔 H 形成间隙配合。基准孔 H 与基本偏差 a 轴配合，其间隙最大，配合间隙从 a～h 依次减小，基准孔 H 与 h 轴形成最小间隙为零的配合。

轴的基本偏差 js、j、k、m、n 与基准孔 H 形成过渡配合，配合的最大过盈从 js～n 依次增大。

轴的基本偏差 p～zc 与基准孔 H 形成过盈配合，配合过盈从 p～zc 依次增大。

(2) 孔的基本偏差与基准轴 h 形成的基轴制配合

孔的基本偏差 A～H，与基准轴 h 形成间隙配合，配合间隙从 A～H 依次减小，基准轴 h 与 H 孔形成最小间隙为零的配合。

孔的基本偏差 JS、J、K、M、N 与基准轴 h 形成过渡配合，配合的最大过盈从 JS～N 依次增大。

孔的基本偏差 P～ZC 与基准轴 h 形成过盈配合，配合过盈从 P～ZC 依次增大。

[例 2-5]　试查出下列基本偏差值，并计算出另一个极限偏差值：

① 公称尺寸为 50 mm,公差等级为 7 级的轴,基本偏差代号为 f 的基本偏差;

② 公称尺寸为 80 mm,公差等级为 10 级的轴,基本偏差代号为 p 的基本偏差;

③ 公称尺寸为 50 mm,公差等级为 6 级的孔,基本偏差代号为 M 的基本偏差;

④ 公称尺寸为 50 mm,公差等级为 9 级的孔,基本偏差代号为 M 的基本偏差。

解

基本偏差表的使用方法:基本偏差表分孔的基本偏差表与轴的基本偏差表。查基本偏差时,首先要确定零件是孔,还是轴;第二要在公称尺寸栏中,找出包含所要查公称尺寸值的尺寸段,然后向右方划横线;第三要在公差等级对应下的基本偏差代号栏中,查出所查的基本偏差代号,向下划线,两条直线的交点值就是所查的基本偏差数值。本题的基本偏差、极限偏差计算如表 2-5 所列。

表 2-5 基本偏差数值

公称尺寸、孔或轴	公差等级	标准公差值 IT/μm	基本偏差代号	基本偏差值/μm	另一极限偏差/μm
50 轴	7 级	25	f	$es=-25$	$ei=es-IT7=-25-25=-50$
80 轴	10 级	120	p	$ei=+32$	$es=ei+IT10=+32+120=+152$
50 孔	6 级	16	M	$ES=-9+\Delta=-9+5=-4$ $\Delta=+5$	$EI=ES-IT6=-4-16=-20$
50 孔	9 级	62	M	$ES=-9$	$EI=ES-IT9=-9-62=-71$

4. 公差带标注

孔与轴公差带代号由公差等级数字与基本偏差代号组成,在图样上标注在公称尺寸后面,基本偏差代号为 M、公差等级为 6 级的孔公差带,公差带代号写成 M6。公差带标注方法如下:

① 在公称尺寸后面注出所要求的公差带代号,如 $\phi40g6$、$\phi80m9$、$\phi100H5$。

② 在公称尺寸后面注出所要求的公差带对应的极限偏差值,如 $\phi100^{+0.015}_{0}$。

③ 在公称尺寸后面注出所要求的公差带和对应的极限偏差值,如 $\phi100H5(^{+0.015}_{0})$。

三种标注法如图 2-15 所示。

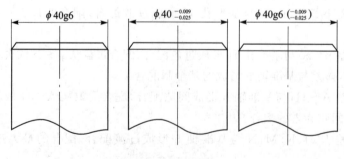

图 2-15 公差带标注

[例 2 - 6]　公差带标注与理解。

① 公称尺寸为 40,公差等级为 7 级,基本偏差代号为 g 的轴的公差带标注为 φ40g7;
读作:公称尺寸为 40 mm,公差等级为 7 级,基本偏差为 g 的轴公差带。

② 公称尺寸为 80,公差等级为 9 级,基本偏差代号为 m 的轴公差带标注为 φ80m9;
读作:公称尺寸为 80 mm,公差等级为 9 级,基本偏差为 m 的轴公差带。

③ 公称尺寸为 100,公差等级为 5 级,基本偏差代号为 F 的孔公差带标注为 φ100F5;
读作:公称尺寸为 100 mm,公差等级为 5 级,基本偏差为 F 的孔公差带。

5.配合标注

配合代号由孔、轴公差带代号组成,写成分数形式,分子为孔的公差带代号,分母为轴的公差带代号。配合代号标注在公称尺寸后面,标注方法如图 2 - 16 所示。

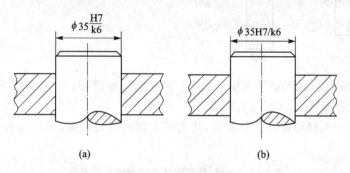

图 2 - 16　配合标注

例如:φ35H7 孔与 φ35k6 轴形成的配合标注为:$\phi35\dfrac{\text{H7}}{\text{k6}}$ 或 $\phi35\text{H7/k6}$。

φ35H7/k6 配合可以理解为:

孔的公差带是 φ35H7,读作公称尺寸为 35 mm,公差等级为 7 级,基本偏差为 H 的基准孔公差带;

轴的公差带是 φ35k6,读作公称尺寸为 35 mm,公差等级为 6 级,基本偏差为 k 的轴公差带;

配合读作公称尺寸为 35 mm,公差等级为 7 级的基准孔,与公差等级为 6 级、基本偏差为 k 的轴,形成的基孔制过渡配合。

2.4.3　常用及优先选用的公差带与配合

1.一般、常用及优先公差带

国家标准规定了 20 个公差等级以及孔与轴各 28 种基本偏差;且任一基本偏差和任一标准公差均可以组合一个公差带,这可得到大量的大小和位置不同的公差带(孔 543 个,轴 544 个),从而可得到大量不同的间隙、过盈或过渡配合。在实际工作中,使用过多的公差带不利于生产与降低成本。并且这样组成的公差带中有很多不常用或没有使用价值。为了减少定值刀具、量具的规格与数量以及工艺装备的品种规格,降低生产成本,国家标准对公差带的数量作了必要的限制,规定了一般公差带、常用公差带和优先公差带。

尺寸≤500 mm 的轴,国家标准规定了 119 种一般公差带,其中 59 种为常用公差带(方框内),13 种为优先公差带(小圆圈内),如表 2 - 6 所列。

表 2-6　一般、常用和优先使用的轴公差带

a	b	c	d	e	f	g	h	j	js	k	m	n	p	r	s	t	u	v	x	y	z
							h1		js1												
							h2		js2												
							h3		js3												
						g4	h4		js4	k4	m4	n4	p4	r4	s4						
					f5	g5	h5	j5	js5	k5	m5	n5	p5	r5	s5	t5	u5	v5	x5		
				e6	f6	(g6)	(h6)	j6	js6	(k6)	m6	(n6)	(p6)	r6	(s6)	t6	(u6)	v6	x6	y6	z6
			d7	e7	(f7)	g7	(h7)	j7	js7	k7	m7	n7	p7	r7	s7	t7	u7	v7	x7	y7	z7
		c8	d8	e8	f8	g8	h8		js8	k8	m8	n8	p8	r8	s8	t8	u8	v8	x8	y8	z8
a9	b9	c9	(d9)	e9	f9		(h9)		js9												
a10	b10	c10	d10	e10			h10		js10												
a11	b11	(c11)	d11				(h11)		js11												
a12	b12	c12					h12		js12												
a13	b13						h13		js13												

尺寸≤500 mm 的孔,国家标准规定了 105 种一般公差带,其中 44 种为常用公差带(方框内),13 种为优先公差带(小圆圈内),如表 2-7 所列。

在选用时,优先选择圆圈内的公差带,其次是方框内的公差带,最后是表中所列的其他公差带。

表 2-7　一般、常用和优先使用的孔公差带

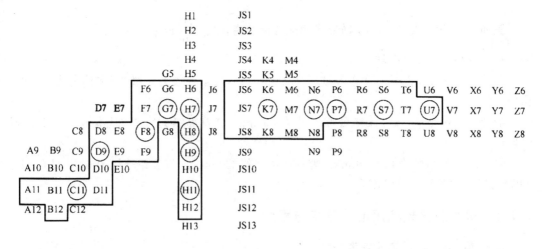

2. 常用及优先配合

国家标准根据我国生产的实际情况,并参照国际公差标准的规定,尺寸≤500 mm 时,规定了 59 种基孔制常用配合,其中 13 种为优先配合,如表 2-8 所列。规定了 47 种基轴制常用配合,其中 13 种为优先配合,如表 2-9 所列。

在选用时优先选择优先配合,其次是常用配合。

表 2 - 8　基孔制优先常用配合

基准孔	轴																				
	a	b	c	d	e	f	g	h	js	k	m	n	p	r	s	t	u	v	x	y	z
	间隙配合								过渡配合				过盈配合								
H6						$\frac{H6}{f5}$	$\frac{H6}{g5}$	$\frac{H6}{h5}$	$\frac{H6}{js5}$	$\frac{H6}{k5}$	$\frac{H6}{m5}$	$\frac{H6}{n5}$	$\frac{H6}{p5}$	$\frac{H6}{r5}$	$\frac{H6}{s5}$	$\frac{H6}{t5}$					
H7						$\frac{H7}{f6}$	▼$\frac{H7}{g6}$	▼$\frac{H7}{h6}$	$\frac{H7}{js6}$	▼$\frac{H7}{k6}$	$\frac{H7}{m6}$	▼$\frac{H7}{n6}$	▼$\frac{H7}{p6}$	$\frac{H7}{r6}$	▼$\frac{H7}{s6}$	$\frac{H7}{t6}$	▼$\frac{H7}{u6}$	$\frac{H7}{v6}$	$\frac{H7}{x6}$	$\frac{H7}{y6}$	$\frac{H7}{z6}$
H8					$\frac{H8}{e7}$	▼$\frac{H8}{f7}$	$\frac{H8}{g7}$	▼$\frac{H8}{h7}$	$\frac{H8}{js7}$	$\frac{H8}{k7}$	$\frac{H8}{m7}$	$\frac{H8}{n7}$	$\frac{H8}{p7}$	$\frac{H8}{r7}$	$\frac{H8}{s7}$	$\frac{H8}{t7}$	$\frac{H8}{u7}$				
				$\frac{H8}{d8}$	$\frac{H8}{e8}$	$\frac{H8}{f8}$		$\frac{H8}{h8}$													
H9			$\frac{H9}{c9}$	▼$\frac{H9}{d9}$	$\frac{H9}{e9}$	$\frac{H9}{f9}$		▼$\frac{H9}{h9}$													
H10			$\frac{H10}{c10}$	$\frac{H10}{d10}$				$\frac{H10}{h10}$													
H11	$\frac{H11}{a11}$	$\frac{H11}{b11}$	▼$\frac{H11}{c11}$	$\frac{H11}{d11}$				▼$\frac{H11}{h11}$													
H12		$\frac{H12}{b12}$						$\frac{H12}{h12}$													

注：① $\frac{H6}{n5}$，$\frac{H7}{p6}$ 在公称尺寸小于或等于 3 mm 和 $\frac{H8}{r7}$ 在小于或等于 100 mm 时，为过渡配合。

② 标注 ▼ 的配合为优先配合。

表 2 - 9　基轴制优先、常用配合

基准轴	孔																				
	A	B	C	D	E	F	G	H	JS	K	M	N	P	R	S	T	U	V	X	Y	Z
	间隙配合								过渡配合				过盈配合								
h5						$\frac{F6}{h5}$	$\frac{G6}{h5}$	$\frac{H6}{h5}$	$\frac{JS6}{h5}$	$\frac{K6}{h5}$	$\frac{M6}{h5}$	$\frac{N6}{h5}$	$\frac{P6}{h5}$	$\frac{R6}{h5}$	$\frac{S6}{h5}$	$\frac{T6}{h5}$					
h6						$\frac{F7}{h6}$	▼$\frac{G7}{h6}$	▼$\frac{H7}{h6}$	$\frac{JS7}{h6}$	$\frac{K7}{h6}$	$\frac{M7}{h6}$	▼$\frac{N7}{h6}$	▼$\frac{P7}{h6}$	$\frac{R7}{h6}$	▼$\frac{S7}{h6}$	$\frac{T7}{h6}$	▼$\frac{U7}{h6}$				
h7					$\frac{E8}{h7}$	▼$\frac{F8}{h7}$		$\frac{H8}{h7}$	$\frac{JS8}{h7}$	$\frac{K8}{h7}$	$\frac{M8}{h7}$	$\frac{N8}{h7}$									
h8				$\frac{D8}{h8}$	$\frac{E8}{h8}$	$\frac{F8}{h8}$		$\frac{H8}{h8}$													

基准轴	孔																			
	A	B	C	D	E	F	G	H	JS	K	M	N	P	R	S	T	U	V	X	Y	Z
	间隙配合								过渡配合			过盈配合									
h9				$\frac{D9}{h9}$	$\frac{E9}{h9}$	$\frac{F9}{h9}$		$\frac{H9}{h9}$												
h10				$\frac{D10}{h10}$				$\frac{H10}{h10}$												
h11	$\frac{A11}{h11}$	$\frac{B11}{h11}$	$\frac{C11}{h11}$	$\frac{D11}{h11}$				$\frac{H11}{h11}$												
h12		$\frac{B12}{h12}$						$\frac{H12}{h12}$												

注：标注▉的配合为优先配合。

2.4.4 标准参考温度

国家标准《极限与配合》(GB/T 1800.1—2009)中规定的标准参考温度为 20 ℃。国家标准中规定的标准公差值、基本偏差值是在标准参考温度下的数值,对零件测量也要在标准参考温度下进行,如果偏离标准参考温度,则要对测量结果进行修正。

2.4.5 一般公差——线性和角度尺寸的未注公差

对机械零件上的各要素的形体尺寸、各要素相互位置尺寸、角度尺寸都有公差要求,但为了制图方便、简化设计,对加工工艺上能够保证精度的尺寸在图样上就不标注出公差,这些尺寸称为未注公差尺寸。对于这些未注公差尺寸,国家制定的 GB/T 1804—2000 对一般公差——线性尺寸和角度尺寸的未注公差进行了具体规定,该标准适用于线性尺寸、角度、尺寸要素的相互位置尺寸的未注公差。未注公差的理由如下:

① 加工方法可以保证零件的加工误差小于给定公差值;

② 方便设计,如果每个尺寸都标出公差值会使设计时间增长,工作量加大;

③ 简化图面,如果所有的尺寸都标出公差值图面会很乱,对有较高精度要求的尺寸就不够突出;

④ 采用未注公差尺寸使加工工艺要保证的尺寸一目了然,便于加工与检验。

1. 适用范围

一般公差——线性尺寸和角度尺寸的未注公差适用于金属切削加工得到的尺寸,也适用于冲压加工得到的尺寸。非金属材料的零件和其他加工工艺得到的尺寸也可参照本标准执行。

2. 公差等级与数值

标准中规定了四个公差等级,具体为:f 精密级、m 中等级、c 粗糙级、v 最粗级。f 级精度最高,v 级精度最低。给定的极限偏差为对称偏差。各等级的线性尺寸的极限偏差数值如表 2-10 所列。倒圆半径与倒角高度尺寸的极限偏差数值如表 2-11 所列。角度尺寸的极限偏差数值如表 2-12 所列。

表 2-10 线性尺寸的极限偏差数值

mm

公差等级	尺寸分段							
	0.5～3	>3～6	>6～30	>30～120	>120～400	>400～1 000	>1 000～2 000	>2 000～4 000
f(精密级)	±0.05	±0.05	±0.1	±0.15	±0.2	±0.3	±0.5	—
m(中等级)	±0.1	±0.1	±0.2	±0.3	±0.5	±0.8	±1.2	±2
c(粗糙级)	±0.2	±0.3	±0.5	±0.8	±1.2	±2	±3	±4
v(最粗级)	—	±0.5	±1	±1.5	±2.5	±4	±6	±8

表 2-11 倒圆半径与倒角高度尺寸的极限偏差数值

mm

公差等级	尺寸分段			
	0.5～3	>3～6	>6～30	>30
f(精密级)	±0.2	±0.5	±1	±2
m(中等级)	±0.2	±0.5	±1	±2
c(粗糙级)	±0.4	±1	±2	±4
v(最粗级)	±0.4	±1	±2	±4

表 2-12 角度尺寸的极限偏差数值

公差等级	长度分段				
	≤10	>10～50	>50～120	>120～400	>400
f(精密级)	±1°	±30′	±20′	±10′	±5′
m(中等级)	±1°	±30′	±20′	±10′	±5′
c(粗糙级)	±1°30′	±1°	±30′	±15′	±10′
v(最粗级)	±3°	±2°	±1°	±30′	±20′

注：角度尺寸的长度按角度的短边长度确定,对于圆锥角按圆锥素线长度确定。

采用一般公差的尺寸在正常车间精度保证的条件下,一般不做检验就视为合格。超过一般公差的零件,如果不损害功能,一般不能拒收;如果零件功能受到损害,应拒收。

3. 公差等级的应用

f、m 级——自动化仪器仪表、邮电机械、印染机械、烟草机械、印刷机械；

m 级——汽车、拖拉机、冶金、矿山机械、化工机械、通用机械、工程机械、工具与量具等；

c 级——木模铸造、自由锻造、压弯延伸、模锻、纺织机械等；

v 级——冷作、焊接、气割等。

4. 标 注

选用某一精度等级时要在图样上标注出来,如选择 m 级时可在零件图的标题栏上方或技术要求中标注出：未注公差按 GB/T 1804—m。

2.5 公差与配合的选择

孔、轴配合的配合间隙、过盈、配合公差是在设计时给定的,它影响着机械的使用性能,因此要针对使用性能要求合理地选择公差与配合。公差与配合的选择包括:基准制的选择,公差等级的选择,配合的选择。

公差与配合选择原则是:在充分满足使用要求、保证互换性的前提下,实现经济合理,制造可行。

公差与配合的选择方法有:计算法,试验法,类比(经验)法。计算法是按一定的理论与公式,通过计算来确定公差与配合,计算法理论根据比较充分,但比较麻烦,并且对许多条件作了理想化与简单化处理,因此计算结果不一定完全符合实际。试验法是通过科学试验来确定公差与配合,试验法确定的公差与配合准确合理,但费用高、周期长,故适用于特别重要的场合。类比法是指设计者依据自己多年来选择公差与配合的经验和参考他人经验,或以经过生产验证的类似的机械、机构和零部件为范例来选择公差与配合,类比法是确定公差与配合的主要方法。各种设计手册中公差与配合选择的图表,标准推荐的一般、常用、优先使用的公差带,常用、优先配合也是公差与配合选择的参照范例。

2.5.1 基准制的选择

从满足使用要求的角度来讲,不论基孔制还是基轴制,只要是配合性质能够满足使用要求,都可以选用。但从经济性、装配工艺性、加工工艺性等方面来考虑应选择不同的基准制。

1. 优先选用基孔制

在机械制造中,中等尺寸孔的加工难度比相同精度要求的轴要大得多,而且孔的加工和检验常采用钻头、铰刀、拉刀等定值刀具加工,用量规等定值量具测量,这易于保证零件质量,提高加工效率,并能降低加工成本。所以减少孔的公差带可相应减少企业备用的定值刀具和量具的数量,也就可以减少企业的生产成本。使用基孔制配合可最大限度地减少孔的公差带,因此一般情况下,总是优先选用基孔制。对于大尺寸的孔和较低精度的孔,不一定采用定值刀具、量具加工与检验,采用基孔制与基轴制都是一样,但为了统一和习惯用法,也优先使用基孔制。

2. 基轴制的选择

(1) 使用冷拉型材做轴时

对于农业机械、纺织机械常用冷拉型材做轴,如图 2-17 所示。这时可减少轴的加工量,能降低加工成本。由于冷拉型材可达到公差等级 IT7~IT9,基本偏差为 h,这样的尺寸精度能够满足一般机械的使用要求,所以此时选择基轴制,可减少轴的加工量,也就是降低了机械的制造成本。

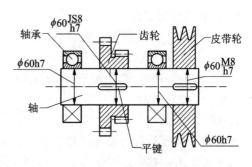

图 2-17 冷拉型材做轴

（2）与标准件配合时

有配合要求的轴类零件为标准零件和标准部件时，与该配合的孔应选择基轴制。如滚动轴承的外圈与轴承座孔的配合就应采用基轴制。各种电动机的输出轴、通用减速器输入与输出轴为公差带 h6、h7，则与电动机轴、减速器的输入、输出轴配合的孔应选择基轴制。

（3）采用基轴制可实现良好的装配工艺性时

当同一公称尺寸的轴要与多个孔相配合，而要求形成不同的配合性质时，则宜采用基轴制。图 2-18(a)所示的活塞销配合装配图，它与活塞销孔的配合为过渡配合，而与连杆衬套孔的配合为间隙配合，如采用基孔制，则要把活塞销加工成两头大中间小的阶梯轴，活塞销孔、连杆衬套孔的尺寸相同，如图 2-18(c)所示，在装配时尺寸大的轴在通过连杆衬套孔时，就会将连杆衬套孔擦伤，并且活塞销为直径差很小的阶梯轴，加工的难度大，此时采用基孔制显然不利于加工及装配。如果采用基轴制，则活塞销为光轴，如图 2-18(d)所示，对于与活塞座孔配合，其配合性质为过渡配合，则孔尺寸小，而连杆衬套孔与活塞销配合为间隙配合，连杆衬套孔尺寸大，在装配时就不会将连杆衬套孔擦伤，采用基轴制时轴的加工工艺性好，装配性也好。活塞销与活塞销孔、连杆衬套孔配合的公差图解如图 2-18(b)所示。

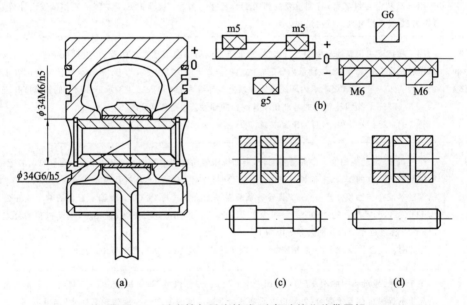

图 2-18　活塞销与活塞销孔、连杆孔的公差带图解

2.5.2　公差等级的选择

对零件加工和使用来讲：零件公差值越大，允许的加工误差越大，加工成本也就越低，但机械的使用性能就越差，产品的寿命也就越短。所以要保证零件互换性和使用性能，就应合理规定零件的公差，使零件在保证使用要求与互换性的条件下加工成本最低。因此，在选择公差等级时，首先要保证配合有良好的使用性能与互换性，其次有较低的制造成本与加工难度。GB/T 1800.1 中的 20 级标准公差应用如表 2-13、表 2-14 所列。各种加工方法的加工精度与加工成本如表 2-15 所列。

表 2-13 公差等级的应用

应 用	公差等级(IT)																		
	01	0	1	2	3	4	5	6	7	8	9	10	11	12	13	14	15	16	17	18
量块	—	—	—																	
量规			—	—	—	—	—	—	—											
配合尺寸							—	—	—	—	—	—	—	—						
特别精密零件				—	—	—	—													
非配合尺寸														—	—	—	—	—	—	—
原材料尺寸										—	—	—	—	—	—	—				

表 2-14 各公差等级主要应用举例

公差等级	主要应用范围
IT01、IT1	一般用于标准量块。IT1 级用于检验 IT6 级轴用量规的校对量规公差
IT2	用于高精密测量工具,特别重要的精密配合尺寸。例如:检验 IT6、IT7 级的工作量规尺寸公差,检验 IT8、IT9 级工作量规的校对量规公差
IT3~IT5	用于精度要求很高的重要配合,例如精密机床主轴与精密滚动轴承的配合,发动机活塞销与连杆孔、活塞销孔的配合。如与 P4 级轴承内环配合的轴颈公差等级为 IT4 级,与 P4 级轴承外环配合的轴承座孔公差等级为 IT5。与 P5 级轴承内环配合的轴颈公差等级为 IT5,与 P5 级轴承外环配合的轴承座孔公差等级为 IT5~IT6。5 级齿轮精度的基准孔及其配合的轴颈公差等级为 IT5。 特点是:配合公差很小,对加工要求高,是应用较少的公差等级
轴 IT6、孔 IT7	用于机床、发动机和仪表中的重要配合,例如机床传动机构中的齿轮与轴的配合,轴与轴承的配合;发动机中活塞与气缸的配合、主轴颈与主轴瓦、气门杆与导套等的配合,连杆瓦与连杆轴颈的配合。7、8 级齿轮精度的基准孔与轴颈公差。1、2 级齿轮齿顶圆直径的公差。与 P6X、P6 级轴承配合的轴承座孔公差等级为 IT6、IT7,与其配合的轴颈公差等级为 IT5、IT6 级。通用减速器输入、输出轴、电动机轴的公差等级为 IT6 级。标准联轴器内孔的公差等级为 IT7。 特点是:配合公差较小,一般精密加工可以实现的公差等级,在精密机械中广泛使用
IT7、IT8	用于机床、发动机中的次要配合,也用于重型机械、农业机械、纺织机械、机车车辆等的重要配合。例如机床上的操纵杆的支承配合;发动机中活塞环与活塞环槽的配合;8、9 级齿轮基准孔与轴的公差。 特点是:配合公差中等,加工易于实现,在一般机械中应用广泛的公差等级
IT9、IT10	用于一般要求,或长度精度要求较高的配合。某些非配合尺寸的特殊要求,例如飞机机身的外壳尺寸,由于重量限制,要求达到 IT9、IT10 的公差等级。机床中轴套与轴、操纵轴与孔,纺织机械、印染机械中一般配合零件的尺寸公差。单键连接的键宽度尺寸为 IT9 级。 特点是:配合公差较大,一般加工方法都能够保证,广泛用于非重要的配合处公差等级
IT11、IT12	用于不重要的配合处的尺寸公差,多用于没有严格要求,只要求便于连接的配合。例如螺栓和螺孔、铆钉和孔的配合。机床上法兰与止口,滑块与滑动齿轮上的槽配合尺寸的公差
IT12~IT18	用于未注公差的尺寸和粗加工的工序尺寸公差,例如手柄的直径、壳体的外形、壁厚尺寸、端面之间的距离等

表 2 – 15　加工方法与加工成本的关系

尺寸	加工方法	公差等级（IT）																	
		1	2	3	4	5	6	7	8	9	10	11	12	13	14	15	16	17	18
外径	普通车削						▬	▬	▬				┄	┄	┄	┄			
	六角车床车削							▬	▬				┄	┄	┄	┄			
	自动车削							▬	▬				┄	┄	┄	┄			
	外圆磨			▬	▬	▬			┄	┄									
	无心磨					▬	▬												
内径	普通车削						▬	▬	▬				┄	┄	┄	┄			
	六角车床车削								▬	▬				┄	┄	┄			
	自动车削								▬	▬				┄					
	钻										▬	▬	▬						
	铰						▬	▬	▬					┄					
	镗						▬	▬	▬				┄	┄					
	精镗				▬	▬													
	内圆磨				▬	▬	▬			┄	┄								
	研磨			▬			┄	┄	┄										

注：粗线、细线、虚线代表加工成本，三者之间比例为5:2.5:1。

在选择公差等级时应注意：

① 小间隙、过渡配合、过盈配合一般选择较高的公差等级，此时的配合间隙和过盈要求变动较小，以保证有较高的定心精度。如果选择较低的公差等级，配合公差大，就失去了配合性质变动小、定心精度高的特性，所以配合的公差等级应该高些，一般选择孔≤IT8，轴≤IT7。

② 对公差等级≤IT8 级时应考虑加工工艺等价原则，即孔的公差等级比相配合轴的公差等级低一级，因为对于尺寸段≤500 mm 的孔加工难度与测量难度(孔加工时不易观察、测量、对刀、冷却与润滑等)比相同公差等级轴的难度大，故孔的加工成本比相同公差等级轴的成本高，选择孔的公差等级低于轴一级，使二者加工难度、加工成本基本相当，如 ϕ100H6/f5、ϕ100H7/f6。公差等级＞IT8 级时选择孔、轴同级配合，例如 ϕ100H9/d9 。

③ 选择公差等级时考虑到配合件的精度等级。与滚动轴承配合件的公差等级要与滚动轴承的精度相适应，当滚动轴承的精度为 P0、P6 级时，与滚动轴承配合的孔、轴公差等级应为 5、6、7 级；轴上安装齿轮，其与齿轮孔配合的轴的公差等级取决于齿轮的精度等级；与标准减速器输入、输出轴，电动机轴等配合的零件公差等级应为 IT7 的孔。

2.5.3　配合的选择

配合选择就是要确定配合性质，也就是确定配合松紧程度，松紧程度确定也就是确定孔、轴两者公差带之间的相互位置关系。对于配合，当确定了基准制、公差等级后，配合选择就是确定非基准件的基本偏差代号。配合选择包括配合类别选择和具体基本偏差代号的选择。

1. 配合类别的选择

配合类别的选择主要是依据孔、轴配合的相互运动关系要求、装配拆卸要求和使用要求等因素。配合类别选择如表 2 – 16 所列。

表 2 – 16　配合类别的选择方向

相互运动情况	配合处的装配要求与使用要求		配合选择
配合件之间无相对运动	要传递转矩	永久结合	过盈配合
		要精确同轴　可拆结合	过渡配合或基本偏差为 H(h) 间隙配合,但传递转矩时要加紧固件(销、键或螺钉等)
		不要求精确同轴	间隙配合要加紧固件
	不需要传递转矩		过渡配合或轻的过盈配合
配合件之间有相对运动	只有移动		基本偏差为 H(h),G(g) 等间隙配合
	转动或移动,往复运动		基本偏差为 A(a)～F(f) 等间隙配合

2. 配合选择时应考虑的因素

① 考虑孔轴是否有相对运动要求。如果孔、轴要求有相对运动时应选择间隙配合,相对运动速度越高,配合间隙应越大;速度低,间隙越小。如果要求精密定心、经常拆卸、传递转矩就应该选择过渡配合或小过盈量的过盈配合;如果二者之间传递较转矩大,承受较大冲击负荷和不经常拆卸的情况下,应选择过盈配合。

② 考虑配合的负荷情况,对所选择的配合进行修正。配合所传递的转矩越大,冲击越大,则过盈应越大;间隙配合则配合间隙应越小。

③ 考虑配合的定心精度要求。配合处要求定心精度越高,其配合的间隙应越小、过盈增大。定心精度要求不太高时、可选择 g、h 代替过渡配合,以利于孔轴的装配。定心精度高,选择 js、j、k、m、n。

④ 考虑配合的拆卸频率。配合的过盈越大拆卸越困难,所以拆装频繁的配合,配合间隙应大些,或过盈小一些。有定心精度要求,经常拆卸时,选择 g、h。定心精度高,不经常拆卸的配合选择 k,不拆卸的配合选择 m、n。

⑤ 应保证配合有一定的精度储备,精度储备系数 $K_t = T_k / T_f$,T_k 为配合的功能公差,即保证机械使用性能的配合性质的最大允许值,T_f 为配合选择时确定的配合公差。精度储备系数应大于 1,一般取为 2。在选择配合时应使配合的最大间隙 X_{max}、最小过盈 Y_{min} 接近功能要求的最小间隙 $X_{min,k}$ 和最大过盈 $Y_{max,k}$;配合的最大间隙 X_{max}、最小过盈 Y_{min} 与功能要求的最大间隙 $X_{max,k}$、最小过盈 $Y_{min,k}$ 的差就是对间隙配合的磨损补偿量,过盈配合的强度的储备量。该值越大,机器的使用寿命越长。例如某一柴油发动机的气缸直径为 $\phi75^{+0.03}_{0}$,活塞裙部的直径为 $\phi75^{-0.100}_{-0.125}$,配合的工作最大允许间隙为 +0.40 mm,最小间隙为 +0.1 mm。精度储备量是 0.40 mm－0.155 mm＝0.245 mm,精度储备系数为 $K_t = (0.4-0.1)/0.055 = 5.45$。

⑥ 在选择配合时应首先选择优先配合与优先使用的公差带,其次是常用配合与常用公差带,最后选择一般用途的公差带。如此还不能满足使用要求时,可选择由基本偏差与标准公差等级所组成的公差带。优先、常用配合,优先、常用、一般用途的公差带是经过实践验证、筛选出的配合与公差带,可满足常见配合的使用要求,并且有良好的工作性能。

⑦ 应考虑到孔、轴热膨胀对配合间隙和过盈的影响。孔的膨胀使孔的直径减小,轴的膨胀使轴的直径增大。当孔、轴的工作温度高于标准温度时,配合的工作间隙减小、过盈增大。所以在选择配合时,在标准参考温度下的间隙与过盈量应含有对工作温度使间隙减小、过盈增大的补偿量。发动机的排气门导管孔与气门杆配合是在高温下工作,选择了 H8/d7 的配合,如果在常温下工作选择的配合应是 H7/f6,此处配合选择 H8/d7 就考虑了工作温度高使配合间隙减小的补偿。由于排气门的工作温度高于进气门的温度,所以进气门的配合是 H8/e7,如图 2-19 所示。

⑧ 应考虑配合零件几何误差对配合性质的影响。零件的几何误差不但会影响零件的定心精度,还会使配合间隙变小,过盈变大。所以配合的孔轴零件配合长度越大、零件的几何误差越大,配合间隙应加大,过盈要减小。

⑨ 应考虑到生产批量对配合的影响。对于大批量生产,孔轴实际尺寸以平均尺寸为中心成正态分布,配合的实际间隙或过盈为平均间隙(X_{max} + X_{min})/2、平均过盈(Y_{max} + Y_{min})/2。对于单件和小批量生产,加工孔时先到达下极限尺寸,加工轴时先达到上极限尺寸。所以加工得到的孔实际组成要素靠近下极限尺寸,轴实际组成要素靠近上极限尺寸,配

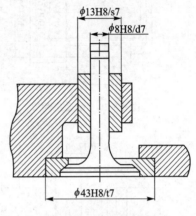

图 2-19　配合应用 1

合间隙偏向最小间隙或最大过盈。所以对于单件、小批量生产配合要较大批量生产松一些,如果对于大批量生产选择 H/f,单件、小批量生产就要选择 H/e。

3. 具体基本偏差的选择

在基孔制情况下,轴的基本偏差的特性与应用:

H/a、b、c 形成的配合为大间隙配合。用于不重要的配合处,或高温工作状态下的运动配合,此类配合间隙大,拆卸方便,例如用于管道法兰配合。

H/d、e、f 为中等间隙的配合,其中 H/f 为标准的滑动轴承配合,能形成良好的润滑油膜,有较好的运动精度。当工作温度高,或运动速度快、多支承的配合选择 H/d、e,用于补偿温度和零件几何误差对配合间隙的影响。机床滑动轴承的配合为 H7/f6,如图 2-20 所示齿轮箱中惰轮孔与轴套的配合;发动机曲轴与主轴承座孔的配合为多支承的配合,考虑到曲轴轴线的同轴度误差使各配合处间隙均匀性变差,所以选择 H8/e8。

H/g、h 为小间隙的配合,多用于低速回转和往复运动配合处的配合,例如液压控制阀中的阀体与滑阀的配合为 H6/g5,图 2-21 所示的机床尾座孔与顶尖套筒的配合为 H6/h5。图 2-22 所示钻床夹具的钻套与夹具衬套孔的配合要求定心精度高、更换方便,选择的配合为 H7/g6。

H/js、j、k、m、n 为过渡配合,配合过盈、拆卸难度依次增大。在选择时,如果定心精度要求越高,传递转矩越大,冲击越大,则选择靠近 H/n 的配合,否则反之,配合处传递转矩时要加紧固件。过渡配合的公差等级一般选择 IT5～IT8 级。Js、j、k 可用木槌装配,拆卸方便;m、n 可用铜锤装配,当孔、轴处于最大实体尺寸时,用压力机压入装配。减速器输出、输入轴与联轴器的配合为 k、m。图 2-22 所示钻模的衬套与钻模体的配合为 H7/n6,图 2-23 所示齿轮孔

与轴的配合选择 H7/h6～H7/m6,这主要考虑拆卸频率。图 2-24 所示与滚动轴承内环配合的轴的公差带为 k6,与外环配合的轴承座孔公差带为 J7。图 2-27 所示发动机连杆孔与衬套的配合为 H7/n6。

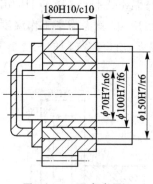

图 2-20　配合应用 2

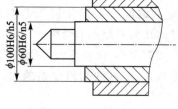

图 2-21　配合应用 3

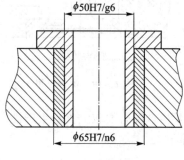

图 2-22　配合应用 4

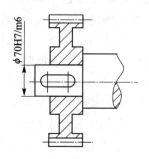

图 2-23　配合应用 5

H/p、r、s 为过盈配合,形成的过盈量依次增大,连接牢固,多用于不经常拆卸的场合。传递较大的转矩时要加紧固件。p 为标准的压入配合,如图 2-25 所示滑动轴承与机体孔的配合为 H7/p6;s 为永久的不拆卸的结合,如图 2-28 所示发动机曲轴连杆轴颈与曲柄孔的配合 H6/s5,图 2-19 所示发动机气门导管与机体孔的配合为 H8/s7。

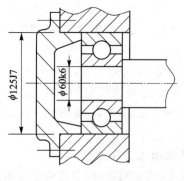

图 2-24　配合应用 6

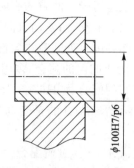

图 2-25　配合应用 7

H/t、u、v 形成较大的过盈,传递一般的转矩不用紧固件,装配时用较大压力的压力机压入或用温差法进行装配,拆卸较为困难,一般不常用。发动机的气门座圈与机体孔的配合为

H8/t7,图 2 - 26 所示的联轴器与轴的配合为 H7/t6。

H/x、y、z 形成的过盈量较大,在实际中用的比较少,多用于传递重负荷、不拆卸的地方。

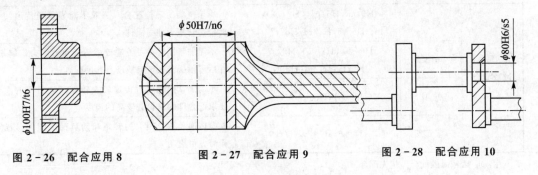

图 2 - 26　配合应用 8　　　　图 2 - 27　配合应用 9　　　　图 2 - 28　配合应用 10

《极限与配合　公差带和配合的选择》(GB/T 1801—2009)规定的优先、常用配合的特征与应用如表 2 - 17 所列,在选择配合时,应针对具体的工作条件对所选配合进行适当修正。

表 2 - 17　尺寸至 500 mm 基孔制常用和优先配合的特征及应用

配合类别	配合特征	配合代号	应 用
间隙配合	特大间隙	H11/a11,H11/b11,H12/b12	用于高温或工作时要求大间隙的配合
	很大间隙	(H11/c11),H11/d11	用于工作条件较差、受力变形大或为便于装配而需要大间隙的配合和高温工作的配合
	较大间隙	H9/c9,H10/c10,H8/d8,(H9/d9),H10/d10,H8/e7 H8/e8,H9/e9	用于高速重载的滑动轴承或大直径的滑动轴承,也可用于大跨距或多支点支承的配合
	一般间隙	H6/f5,H7/f6,(H8/f7),H8/f8,H9/f9	用于一般转速的动配合。当温度影响不大时,广泛应用于普通润滑油润滑的支承处
	较小间隙	(H7/g6),H8/g7	用于精密滑动零件或缓慢间歇回转的零件的配合部位
	很小间隙和零间隙	H6/g5,H6/h5,(H7/h6),(H8/h7),H8/h8,(H9/h9),H10/h10,(H11/h11),H12/h12	用于不同精度要求的一般定位件的配合和缓慢移动和摆动零件的配合
过渡配合	绝大部分有微小间隙	H6/js5,H7/js6,H8/js7	用于易于装拆的定位配合或加紧固件后可传递一定静负荷的配合
	大部分有微小间隙	H6/k5,(H7/k6),H8/k7	用于稍有振动的定位配合,加紧固件可传递一定的负荷的配合,装拆方便,可用木槌敲入
	大部分有微小过盈	H6/m5,H7/m6,H8/m7	用于定位精度要求较高且能抗振的定位配合。加键可传递较大的负荷,可用铜锤敲入或小压力压入
	绝大部分有微小过盈	(H7/n6),H7/n7	用于精确定位或紧密组合件的配合。加键能传递大转矩或冲击性负荷,只在大修时拆卸
	绝大部分有较小过盈	H8/p7	加键后能传递很大转矩,且承受振动和冲击的配合,装配后不拆卸

配合类别	配合特征	配合代号	应 用
过盈配合	轻型	H6/n5,H6/p5,(H7/p6), H6/r5,H7/r6,H8/r7	用于精确的定位配合。一般不能靠过盈传递转矩,要传递转矩须加紧固件
	中型	H6/s5,(H7/s6),H8/s7, H6/t5,H7/t6,H8/t7	不需加紧固件就可传递较小转矩和轴向力。加紧固件后可承受较大负荷或动负荷的配合
	重型	(H7/u6),H8/u7,H7/v6	不需加紧固件就可传递较大转矩和动负荷的配合。要求配合件的材料有较高的强度
	特重型	H7/x6,H7/y6,H7/z6	能传递和承受很大的转矩和动负荷的配合,须经试验后方可应用

注：① 括号内的配合为优先配合。

② 国家标准规定的 44 种基轴制配合的应用与本表的同名配合相同。

[例2－7] 试选择图2－29所示减速器从动圆柱齿轮内孔与轴,输出轴与带轮孔的极限与配合。该减速器输入轴转速为 960 r/min,输出轴转速为 200 r/min,传递功率为 10 kW,工作用途为锅炉上煤机减速,生产批量为小批量生产。

解

1) 减速器工作分析

锅炉上煤机的负荷不是均匀负荷,有冲击性但不大,工作时无超负荷现象。安装位置在锅炉房的上煤间,工作温度不超过 40 ℃,可不考虑温度对配合的影响。

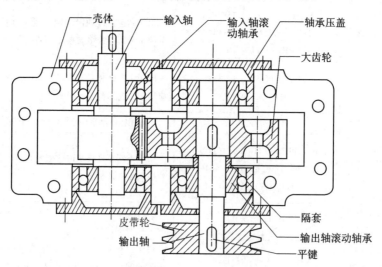

图 2－29　通用减速器

2) 减速器使用功能对配合的要求分析

减速器主要通过齿轮啮合,实现减速的目的。齿轮传动要求齿轮的轴线要平行、孔轴配合定心精度高,工作时齿轮的轴线不能摆动与倾斜,这样才能保证齿轮传动的平稳性。

皮带轮在工作时的轴线也不能倾斜与摆动,同轴度要高,这样才能保证皮带传动的使用寿命与传动效率。在两配合处传递转矩,但传递转矩依靠平键。

3）公差配合选择

公差等级的选择：减速器是一般机器，这两处配合是减速器的重要配合，所以公差等级孔为 IT7，轴为 IT6。

基准制的选择：两处配合为单一孔轴的配合，不符合选择基轴制的条件，所以依据优先选择基孔制的原则，选择基孔制配合。

轴的基本偏差的选择：齿轮孔与轴的配合要求定心精度高，传递转矩靠平键，不经常拆卸，应选择基本偏差 r，但考虑到为小批量生产，过盈量应减小，所以选择 n，形成的配合是 H7/n6。

带轮与轴的配合，考虑到要经常更换带轮、拆卸轴承端盖维修轴承，所以选择松一点的过渡配合，轴的基本偏差为 k，形成的配合为 H7/k6。

4）配合标注

大齿轮内孔与轴配合的标注：ϕ100H7/n6。

输出轴与带轮孔配合的标注：ϕ60H7/k6。

第3章 技术测量基础

【学习目的与要求】 熟悉技术测量、计量器具、测量误差等方面的基本概念;能够针对一个具体的计量器具识别出计量器具的度量指标;能针对具体的被测量选择出相应的测量方法,确定出验收极限;对简单的测量数列进行数据处理,求出测量结果。

3.1 概 述

规定零件公差的目的是对加工中产生的误差进行控制。几何量公差标准是从技术图样规范上保证零件的互换性;经加工制成的零件是否达到了给定公差要求,需要采取一定的测量手段对零件的提取组成要素的局部尺寸进行测量,通过技术测量手段认证合格的零件才真正具有互换性。测量是以确定量值为目的的一组操作,它包括测量原理、测量方法、测量程序、测量条件等的选择与控制。

以在车床上加工尺寸为 $\phi30.01\sim\phi30.05$ mm 的小轴为例,在加工过程中要多次用外径千分尺对小轴的外径进行测量,通过测量得到的小轴外径来确定进刀量和判断合格性,当某次测量得到的小轴外径为 $\phi30.02$ mm 时,小轴就为合格件。在这个测量过程中有以下几个要素:一是在一定的测量温度、测量力等测量条件下,使用计量器具外径千分尺对小轴直径进行测量,称为测量方法;二是确定被测量直径大小的测量单位为毫米,称为标准量;三是含有被测量直径这个被测量的小轴,称为被测对象;四是测量结果的可靠性,称为测量精确程度。测量方法、标准量、被测对象及测量精确程度为测量的四要素。

技术测量分为测量与检验两类。

检验是确定被测量是否合格的过程,而不需要确定出被测量的量值大小。如用量规对孔、轴的检验。

测量与检验的主要区别是:测量是要确定出被测量的具体量值,而检验不要求测量出被测量的具体量值,检验只能确定被测量是否合格。检验的效率较高,所以在生产实际中应用较广,如对食品质量的检验、零件的入库检验等。

实际工作中对技术测量的基本要求是:合理选择测量器具和测量方法,既要保证足够的测量精确程度,又要有一定的测量效率;二是快速、准确地测量出被测量量值的同时,保证测量具有较低的测量成本。

3.2 长度单位和尺寸传递

3.2.1 长度单位与米定义

我国的长度单位采用国际单位制,其基本单位是米(m),在几何量测量中一般以毫米(mm)为单位。

1 米是光在真空中的(1/299 792 458)秒内行进的路程。

米的定义体现出米的科学性,它是以光在真空中的速度作为基础,通过精确测定时间就可以确定出长度值。在生产实践活动中使用这样的"米"是非常困难的,也是不经济的,所以在生产实际过程中采取了尺寸传递的媒介——量块和线纹尺进行尺寸的传递,即将科学的"米"转换成具体实物标准量。通过对计量器具的检定或校准,将国家基准所复现的计量单位量值通过各等级计量标准传递到工作计量器具,以保证对被测对象所测得的量值的准确和一致的体系称为尺寸传递。我国长度单位尺寸传递如图 3-1 所示。我国尺寸传递分为量块传递系统与线纹尺传递系统。量块传递系统中以各等量块为标准量,线纹尺传递系统中按各等线纹尺为标准量。

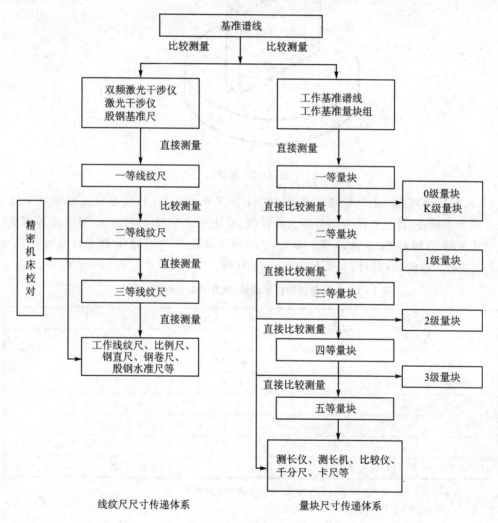

图 3-1 尺寸传递

3.2.2 量 块

量块是用耐磨材料制造,横截面为矩形,并具有一对相互平行测量面的实物量具,如图 3-2 所示。量块一般用铬锰钢或陶瓷制造,有较好的尺寸稳定性、耐磨性、线膨胀性小;两工作面之间的尺寸精度、平行度较高,表面粗糙度值较小。量块的一个测量面上的任意一点至与此量块另一测量面相研合的辅助体表面的垂直距离称为量块的长度 l。量块的一个测量面上的中心点至与此量块另一测量面相研合的辅助体表面的垂直距离称为量块的中心长度 l_c。量块测量面上的最大与最小长度之差称为量块的长度变动量,量块上标出的长度为量块的标称长度 l_n,称为量块的示值。量块标称长度小于 6 mm 时标称长度标注在测量面上;当标称长度大于 6 mm 时标称长度标注在非测量面上。

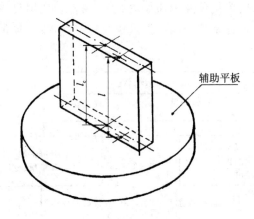

辅助平板

图 3-2 量块

《几何量技术规范(GPS)长度标准 量块》(GB/T 6093—2001)按量块长度相对于量块标称长度的极限偏差、量块长度变动量最大允许值、量块平面度、表面粗糙度、黏合性等将量块准确度分为 k 级、0 级、1 级、2 级、3 级。其中,0 级精度最高,3 级最低,k 级为校准级,用于校对 1、2、3 级量块。各级量块的技术要求如表 3-1 所列。

表 3-1　各级量块的精度指标(摘自 GB/T 6093—2001)　　　　　μm

标称长度 l_n/mm	k 级		0 级		1 级		2 级		3 级	
	$\pm t_e$	t_v	$\pm t_e$	t_v	$\pm t_e$	t_v	$\pm t_e$	t_v	$\pm t_e$	t_v
	最大允许值/μm									
$l_n \leqslant 10$	0.20	0.05	0.12	0.10	0.20	0.16	0.45	0.30	1.00	0.50
$10 < l_n \leqslant 25$	0.30	0.05	0.14	0.10	0.30	0.16	0.60	0.30	1.20	0.50
$25 < l_n \leqslant 50$	0.40	0.06	0.20	0.10	0.40	0.18	0.80	0.30	1.60	0.55
$50 < l_n \leqslant 75$	0.50	0.06	0.25	0.12	0.50	0.18	1.00	0.35	2.00	0.55
$75 < l_n \leqslant 100$	0.60	0.07	0.30	0.12	0.60	0.20	1.20	0.35	2.50	0.60

注:① $\pm t_e$——量面上任意点长度相对于标称长度的极限偏差;
　　② t_v——量块长度变动最大允许值。

《量块检定规程》(JJG 146—2003)按量块检定精度将其划分为 1～5 等,其中 1 等最高,5 等最低。量块各等的技术要求如表 3-2 所列。各等量块主要用于长度尺寸传递,对于不同级别的计量管理机构,国家规定了各自可检定量块级和等的范围。量块可以按等使用,也可以按级使用。按级使用时,量块的工作尺寸为量块标称尺寸,即量块上标注的尺寸值。按等使用时按量块检定的中心长度值使用,即工作尺寸为检定的中心长度实际尺寸。以公称尺寸为

10 mm 的 1 级量块为例,量块上任意点长度相对于标称长度的极限偏差为 ±0.2 μm,它的实际中心长度可以在 10.000 2～9.999 8 mm 范围内变动,如果按级使用,其长度值为 10 mm,可能产生的误差为 ±0.2 μm。按等使用时,先要对量块的实际中心长度进行测量,如该量块的实际中心长度为 10.000 1 mm,在实际使用时按 10.000 1 mm 使用,就避免了量块制造误差对测量精确程度的影响。

表 3-2　各等量块的精度指标(摘自 JJG146—2003)　　　　　　　　　　μm

标称长度 l_n/mm	1 等		2 等		3 等		4 等		5 等	
	测量不确定度	长度变动量	测量不确定度	长度变动量	测量不确定度	长度变动量	测量不确定度	长度变动量	测量不确定度	长度变动量
	最大允许值/μm									
$l_n \leqslant 10$	0.022	0.05	0.06	0.1	0.11	0.16	0.22	0.30	0.6	0.5
$10 < l_n \leqslant 25$	0.025	0.05	0.07	0.1	0.12	0.16	0.25	0.30	0.6	0.5
$25 < l_n \leqslant 50$	0.030	0.06	0.08	0.10	0.15	0.18	0.30	0.30	0.8	0.55
$50 < l_n \leqslant 75$	0.035	0.06	0.09	0.12	0.18	0.18	0.35	0.35	0.9	0.55
$75 < l_n \leqslant 100$	0.04	0.07	0.10	0.12	0.20	0.20	0.40	0.35	1.0	0.60

注:① 距离测量面边缘 0.8mm 范围内不计;
　　② 表面测量不确定度置信概率为 0.99。

量块工作表面的表面粗糙度值较小,所以经过汽油清洗过的两个量块的工作表面在轻微的压力作用下,可以黏合在一起,量块的这种黏合性扩大了量块的使用。每一块量块只有一个固定的尺寸,为组成各种尺寸值,国家规定量块按套生产,各套量块的尺寸值、量块的数量、尺寸间隔等如表 3-3 所列。在生产实际中可以用不同尺寸值的量块组成量块组,以满足一定的测量要求。一般情况下,量块组中的量块数不应超过 4 块。在选择量块组成一个确定的尺寸值时,从能消去所要组成的尺寸值的最后一位尾数开始,如在 83 块一套的量块中选择量块组成 36.375 mm 尺寸时,应选择 1.005 mm、1.37 mm、4 mm 和 30 mm 4 块量块。

表 3-3　成套量块尺寸表(GB/T 6093—2001)

总块数	级别	尺寸系列	间隔/mm	块数
83	0,1,2	0.5	—	1
		1	—	1
		1.005	—	1
		1.01～1.49	0.01	49
		1.5～1.9	0.1	5
		2.0～9.5	0.5	16
		10～100	10	10
46	0,1,2	1	—	1
		1.001～1.009	0.001	9
		1.01～1.09	0.01	9
		1.1～1.9	0.1	9
		2～9	1	8
		10～100	10	10

续表 3-3

总块数	级　别	尺寸系列	间隔/mm	块　数
38	0,1,2	1	—	1
		1.005	—	1
		1.01~1.09	0.01	9
		1.1~1.9	0.1	9
		2~9	1	8
		10~100	10	10
10	0,1	1~1.009	0.001	10

3.2.3 线纹尺

线纹尺是一种高精度的刻度尺,其尺寸面上任意两刻线间长度的测量不确定度高。国家规定依据对线纹尺检定准确度分为一等线纹尺、二等线纹尺和三等线纹尺。在生产测量中一、二等线纹尺用于各种量仪、精密机床的调整和校对。在尺寸的传递系统中,国家用激光干涉比长仪对基准米尺进行校对,然后用基准米尺作为标准对一等线纹尺进行校对,用一等线纹尺对二等线纹尺进行校对,二等线纹尺对三等线纹尺进行校对,三等线纹尺用于各种工作刻度尺的核对。

为保证长度测量量值在全国范围内的一致性与准确性,量块、线纹尺和在生产中使用的计量器具都要定期到指定的检定机构进行检定。

3.3 计量器具与测量方法的分类

3.3.1 计量器具

凡是能直接或间接地测量出被测量量值的量具、工具、测量仪器、测量装置统称为计量器具。计量器具分量具与量仪两种。

量具:以固定形式复现量值的计量器具,如卡尺、千分尺和钢直尺等。

量仪:将被测量转换成其他等效信息,从而确定出被测量量值的计量器具。如大型工具显微镜、测长仪和立式光学计等。量仪结构较量具结构复杂,测量精度也较高,测量条件要求也较严。

游标卡尺测量工件　　　外径千分尺测量工件　　　内径百分表测量工件　　　万能角度尺测量工件

(视频时长:4分　　　　(视频时长:8分　　　　(视频时长:5分　　　　(视频时长:6分
28秒,约26M)　　　　　29秒,约44M)　　　　　58秒,约35M)　　　　　6秒,约38M)

3.3.2 测量方法分类

广义的测量方法为测量原理、测量仪器、测量条件的统称。在实际工作中往往单纯地按获得测量结果的方式来理解测量方法。测量方法可按不同特征进行分类。

① 按所测之量是否为要测之量,可分为直接测量与间接测量。

直接测量:从计量器具的读数装置上得到要测之量的整个数值或其相对于标准量的偏差值。

直接测量可分为绝对测量与相对测量,绝对测量是指从计量器具的读数装置上得到的数值为要测之量的全值;相对测量是指从计量器具的读数装置上得到的数值为要测之量相对于标准量的偏差值。用卡尺、千分尺测量轴的直径就是绝对测量,用立式光学计、机械比较仪测量就是相对测量。一般情况下,相对测量需要用量块或线纹尺校对零位,排除了部分量仪制造误差对测量结果的影响,所以测量精度较高。

间接测量:从计量器具的读数装置上得到的量值是与要测之量有关的量值,再通过一定的数学关系式,计算出要测之量的数值。

如图 3-3 所示,测量两孔的孔心距 B 时,先测量出两孔的直径 D_1、D_2,再测出两孔内表面最近的距离 A,通过公式 $(D_1+D_2)/2+A$ 计算出孔心距,就是间接测量。

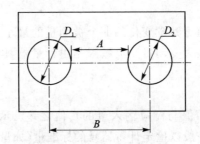

图 3-3　孔中心距的测量

② 按测量中被测对象是否与计量器具相接触,可分为接触测量与非接触测量。

接触测量:测量时计量器具的测量头与被测对象表面接触,并有机械的作用力存在。

非接触测量:测量时计量器具的测量头与被测对象之间不接触,两者之间没有机械作用力的存在。

测量头与被测对象之间的作用力称为测量力,接触测量的测量力使计量器具产生弹性变形和被测对象表面产生压陷,这导致测量误差与量仪的磨损。非接触测量时由于被测对象表面有油污、灰尘等不能准确的确定被测对象真实表面,也会产生测量误差。

③ 按在零件上同时测得的参数多少,分为单项测量与综合测量。

单项测量:分别测量零件的各个参数。如分别测量螺纹的半角、螺距、中径等。

综合测量:同时测量零件上的几个相关参数的综合效应或综合参数。如用螺纹环规、塞规测量内外螺纹。综合测量测量效率高,成本低。单项测量常用于揭示加工误差产生的原因,综合测量常用于零件的验收。

3.3.3　计量器具的度量指标

计量器具的度量指标是选择与使用计量器具的基础。计量器具的基本度量指标如下:

1. 刻线间距

刻线间距是指计量器具刻度尺或刻度盘上两相邻刻度线中线之间的距离。一般为 1~2.5 mm,卡尺的主尺刻线间距为 1 mm。

2. 分度值

分度值是指计量器具的每一个刻线间距所代表的被测量量值。分度值一般为 1、2、5 的倍数,如游标卡尺的分度值为 0.02 mm、0.05 mm,千分尺的分度值为 0.01 mm。

3. 示值范围

示值范围是指计量器具刻度盘上所能显示出的被测量的范围。对测量范围为 25~50 mm 的千分尺,其示值范围为 25 mm。立式光学计的示值范围为 -0.1~+0.1 mm。

4. 测量范围

测量范围是指计量器具在允许的误差限内,所能测出的最大被测量值与最小被测量值所形成的区间。如卡尺的测量范围有 0~125 mm、0~200 mm 等,千分尺的测量范围有 0~25 mm、25~50 mm、50~75 mm 等。立式光学计的测量范围为 0~180 mm。

5. 灵敏度与放大比

灵敏度是指对于给定的被测值,被观测量的增量 ΔL 与其相应的被测量的增量 Δx 之比,当被观测量与被测量是同量值时称为放大比。

6. 灵敏限

灵敏限是指引起量仪示值可察觉变化的那个被测量的最小变动量,或者说是不引起量仪示值可察觉变化的被测量的最大变动量。灵敏限是由计量器具内部的摩擦、间隙、阻尼、弹性变形等因素造成的。

7. 示值误差

示值误差是指计量器具示值与对应输入量的真值之差。示值误差由计量器具使用说明书、检定报告给出,在检定时一般以检定计量器具的标准量(如量块尺寸)作为尺寸真值。例如检定千分尺时,测一尺寸为 5.5 mm 的量块,千分尺示值为 5.49 mm,则该千分尺的示值误差为 -0.01 mm。示值误差是表征计量器具精度的指标,一般来说,计量器具的示值误差越小,则该计量器具精度越高。

8. 修正值

修正值是指为了消除系统误差,用代数法加到示值上以得到正确结果的数值。如上所述的千分尺的示值误差为 -0.01 mm,则修正值为 +0.01 mm,测量结果为千分尺的示值加 0.01 mm。

3.4 测量误差与数据处理

测量的目的是要得出测量结果,测量结果是由测量所得到的赋予被测量的值,是客观存在的量的实验表现。测量结果不仅与量的本身有关,而且与测量原理、测量程序、测量仪器、测量环境以及测量人员等有关。在测量过程中,由于上述因素的作用使测量结果与其尺寸真值之间有误差,这个误差称为测量误差。

测量中存在的测量误差是不可避免的,测量误差影响着测量值大小与分布。对测量数据进行处理就是要确定出被测量最可信的数值(测量结果)及评定这一数值所含的误差大小及可信赖的程度。

测量误差有绝对误差与相对误差:

绝对误差 $$\delta = x - x_0$$ (3-1)

相对误差

$$\varepsilon = \frac{\delta}{x_0} \times 100\% \qquad (3-2)$$

式中，x 为被测量的实际测得值；x_0 为被测量的真值。

对于同量值的被测量可用绝对误差比较其测量精确度，绝对误差越小，测量精确度越高；对于不同量值的被测量可用相对误差比较其测量精确度，相对误差越小，测量的精确度越高。由于测量误差的存在，被测量的真值无法得到，在实际测量中真值一般用多次测得值的平均值、较高等级的标准量具（量块尺寸、线纹尺尺寸等）的值代替。

3.4.1　测量误差产生的原因

不论用什么样的计量器具、什么样的测量方法进行测量，都要产生测量误差，只是产生的测量误差的大小不同。测量误差产生的原因按参与测量过程的因素来分有以下四个方面：

1. 计量器具误差

计量器具误差是指计量器具本身设计、制造误差和检定误差。在设计时采用近似的原理产生的误差，如用等分刻度代替不等分刻度产生的误差；计量器具配合件的间隙、零件制造与装配误差产生的误差等。

2. 测量方法误差

测量方法误差是指测量方法不完善，测量过程不符合测量原则等产生的误差。对于间接测量，指计算式各项系数的圆整、数学式的简化而产生的测量误差。

3. 人员误差

人员误差是指人在测量过程中的读错、记错等产生的误差以及人操作计量器具时的瞄准、对正、工件位置的调整等不正确所产生的测量误差。

4. 测量环境误差

测量环境误差是指测量时的环境条件不符合标准条件所引起的误差。测量的环境包括温度、湿度、气压、振动、灰尘等，其中温度对测量结果的影响最大。当测量温度偏离了标准参考温度 20 ℃时，产生的测量误差按式(3-3)计算。为降低温度对测量精度的影响，在测量时最好使计量器具与被测零件接近标准参考温度值，或使二者处于等温状态。

$$\Delta L = L\left[\alpha_2(t_2 - 20) - \alpha_1(t_1 - 20)\right] \qquad (3-3)$$

式中，L 为被测尺寸；t_1，t_2 为计量器具和被测零件的温度；α_1，α_2 为计量器具和被测零件的线膨胀系数。

3.4.2　测量误差分类

按测量误差的数学特性，测量误差可分为系统误差、随机误差、粗大误差三类误差。

1. 系统误差

系统误差是在重复性条件下，对同一被测量进行无限多次测量所得结果的平均值与被测量的真值之差。计量器具本身的不完善、测量方法的不完善、采用的标准量具的误差、测量环境偏离了标准环境、测量者对计量器具使用不当等都会导致系统误差的产生。系统误差对测量结果的影响较大，要尽量减小或消除系统误差，提高测量精确度。

2. 随机误差

随机误差是测量结果与在重复性条件下，对同一被测量进行无限多次测量所得结果的平均值之差。随机误差等于测量误差减去系统误差。因为测量只能进行有限次数,所以一般情况下确定的只是随机误差的估计值。

随机误差是由计量器具机构的摩擦、阻尼、间隙与弹性变形,测量过程中的温度波动、测量力的波动、灰尘及振动等因素产生的。随机误差的特点是:在每次测量中误差的大小、正负在测量前都不能确定,它们的出现是随机的。随机误差是随机变量,大量的实验表明,随机误差服从正态分布规律。

(1) 随机误差的分布规律及特性

随机误差的正态分布曲线如图 3-4 所示。横坐标表示随机变量 δ,纵坐标表示随机误差出现的概率密度 y。从图中可以看出,随机误差具有以下四个分布特性:

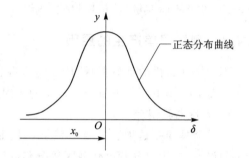

图 3-4　正态分布曲线

① 单峰性。绝对值小的随机误差比绝对值大的随机误差出现的次数多。

② 对称性。绝对值相等的随机误差出现的次数基本相等。

③ 有界性。在一定的条件下,随机误差的绝对值不会超过一定界限。

④ 抵偿性。随着测量次数的增加,随机误差的算术平均值趋向于零。

所以在有足够多的测量次数、没有系统误差的情况下,测量列的算术平均值为被测量的尺寸真值。在实际测量中一般取测量次数为 10～15 次,此时的平均值代替尺寸真值就具有了足够的精度。

(2) 随机误差的评定指标

根据概率论的原理,正态分布曲线的数学表达式为

$$y = \frac{1}{\sigma\sqrt{2\pi}}\mathrm{e}^{-\frac{\delta^2}{2\sigma^2}} \tag{3-4}$$

式中,y 为随机误差概率的分布密度;δ 为随机误差;σ 为标准偏差;e 为自然对数的底数(2.718 28…)。

设 n 个测量值的随机误差为 δ_1、δ_2,…,δ_n,则这组测量值的标准偏差 σ 等于

$$\sigma = \sqrt{\frac{\delta_1^2 + \delta_2^2 + \delta_3^2 + \cdots + \delta_n^2}{n}} = \sqrt{\frac{\sum_{i=1}^{n}\delta_i^2}{n}} \tag{3-5}$$

由于被测量的真值是未知数,各测量值的误差也都不知道,因此不能按式(3-5)求得标准偏差。测量时能够得到的是算术平均值 $\bar{x}$,它最接近真值 x_0,而且也容易算出测量值 x_i 和算术平均值 $\bar{x}$ 之差,称为残差 v_i($v_i = x_i - \bar{x}$)。理论分析表明标准偏差 σ 可用一些计算方法进行估算,用得最多的为贝塞尔公式,即

$$\sigma = \sqrt{\frac{v_1^2 + v_2^2 + v_3^2 + \cdots + v_n^2}{n-1}} = \sqrt{\frac{\sum_{i=1}^{n}v_i^2}{n-1}} \tag{3-6}$$

　　标准偏差与尺寸偏差是不同的,标准偏差是对随机误差分布规律的评定指标。标准偏差不是测量值的实际误差,也不是误差范围,它只是对一组测量数据可靠性的估计。标准偏差 σ 小,测量的可靠性好些;反之,测量的可靠性就差些。σ 越大,随机误差分布范围越大;σ 越小,随机误差分布范围越小。图 3-5 反映了 $\sigma_1 < \sigma_2 < \sigma_3$ 时三种情况下的分布曲线形状。

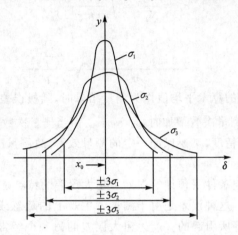

图 3-5　三种不同 σ 时随机误差分布曲线的比较

　　(3) 随机误差的极限值

　　由随机误差的有界性可知,随机误差在区间 $(-\infty, +\infty)$ 内的分布概率为 1,即

$$P_{(-\infty, +\infty)} = \int_{-\infty}^{+\infty} y \mathrm{d}\delta = \int_{-\infty}^{+\infty} \frac{1}{\sigma\sqrt{2\pi}} \mathrm{e}^{-\frac{\delta^2}{2\sigma^2}} \mathrm{d}\delta = 1 \tag{3-7}$$

在 $(-\delta, +\delta)$ 范围内的分布概率为

$$P_{(-\delta, +\delta)} = \int_{-\delta}^{+\delta} y \mathrm{d}\delta = \int_{-\delta}^{+\delta} \frac{1}{\sigma\sqrt{2\pi}} \mathrm{e}^{-\frac{\delta^2}{2\sigma^2}} \mathrm{d}\delta \tag{3-8}$$

为了便于分析与计算,令 $t = \delta/\sigma$, $\mathrm{d}t = \mathrm{d}\delta/\sigma$,则上式简化为

$$P = \int_{-\delta}^{+\delta} y \mathrm{d}\delta = \frac{2}{\sqrt{2\pi}} \int_{0}^{+t} \mathrm{e}^{-\frac{t^2}{2}} \mathrm{d}t \tag{3-9}$$

令 $P = 2\Phi(t)$,则

$$\Phi(t) = \frac{1}{\sqrt{2\pi}} \int_{0}^{+t} \mathrm{e}^{-\frac{t^2}{2}} \mathrm{d}t \tag{3-10}$$

　　随机误差 δ 在 $\pm t\sigma$ 范围内出现的概率为 $2\Phi(t)$,超过 $\pm t\sigma$ 范围的概率为 $1 - 2\Phi(t)$。

　　随着 t 值的增大,超出对应 $|\delta|$ 值的随机误差的概率减小得很快。当 $t=1$,即 $|\delta|=1\sigma$ 时,在 3 次测量中,可能有 1 次测得值的随机误差超出 1σ 范围;当 $t=2$,即 $|\delta|=2\sigma$ 时,在 22 次的测量中,随机误差可能只有 1 次超出 2σ 范围;当 $t=3$,即 $|\delta|=3\sigma$ 时,在 370 次的测量中,随机误差可能只有 1 次超出 3σ 范围,因此可以认为绝对误差超出 3σ 几乎是不可能的,通常把 $\pm 3\sigma$ 作为单次测量的随机误差的极限。

　　(4) 算术平均值的标准偏差

　　对于一组等精度测量(n 次测量)数据的算术平均值,其误差应该更小些,等精度测量是指测量方法、测量人员、被测对象等因素不变情况下的测量。理论分析表明,它的算术平均值的标准误差与一次测量值的标准误差 σ 之间的关系是

$$\sigma_{\bar{x}} = \frac{\sigma}{\sqrt{n}} = \sqrt{\frac{\sum_{i=1}^{n} v_i^2}{n(n-1)}} \tag{3-11}$$

$$\bar{x} = \frac{x_1 + x_2 + \cdots + x_n}{n} = \frac{\sum_{i=1}^{n} x_i}{n} \tag{3-12}$$

由上式可知,以测量列的算术平均值作为测量结果时,随机误差的标准偏差是为单次测量的标准偏差的 $1/\sqrt{n}$ 倍,当测量次数增加时,$\sigma_{\bar{x}}$ 减小。但当测量次数＞10 后,$\sigma_{\bar{x}}$ 减小缓慢。在实际生产中,既要保证测量精度,又要保证一定的测量效率,故测量次数取 10～15 次为宜。

3. 粗大误差

粗大误差是超出在规定条件下预计的误差。粗大误差的特点是,误差的绝对值较大,明显地歪曲了测量结果的误差。这种误差是由于测量者主观上的疏忽或客观条件的剧变(突然振动)、电子噪声或机械噪声等所引起的。产生粗大误差的另一个经常出现的原因是,操作人员在读数和书写方面的疏忽以及错误地使用测量设备。

3.4.3 测量误差的处理

1. 系统误差的发现与消除

当存在系统误差时,由于误差值往往较大,故其对测量结果的影响比随机误差的影响大。对同一被测量进行多次测量,得到一个测量列。在对测量列进行数据处理时,是不能消除系统误差的。从理论上讲系统误差是可以彻底消除的,但实际上只能消除到一定程度,若能将系统误差对测量结果的影响减小到相当于随机误差的程度,即可将系统误差按随机误差进行处理。系统误差分为定值系统误差和变值系统误差。

(1) 定值系统误差的发现

定值系统误差的特点是在整个测量过程中误差的大小和正负不变。它影响测量列的误差分布中心位置,对误差的分布范围无影响。要发现某一测量条件下是否有定值系统误差存在,可用更高精度的计量器具进行检定测量,以对同一被测量进行同样多次的测量,求出其两个测量列的算术平均值之差,作为定值系统误差。

(2) 变值系统误差的发现

变值系统误差可用"残差观察法"发现,即分别以测量列的残差和测量次数为纵坐标和横坐标,观察残差分布的规律。若残差分布如图 3-6(a)所示时,其残差正与负的数目大体相同,而又无显著的变化规律,则可判定测量列无明显的系统误差;若残差分布如图 3-6(b)所示时,其残差接近一直线分布,则可判定测量列存在着线性的系统误差;若残差分布如图 3-6(c)所示时,其残差具有明显的周期性分布,则可判定测量列存在着周期性的系统误差。

(3) 系统误差的消除方法

系统误差消除方法有:

① 修正法。指对测量值或测量列的算术平均值加上一个相应的修正值,以得到一个不含系统误差的测得值。

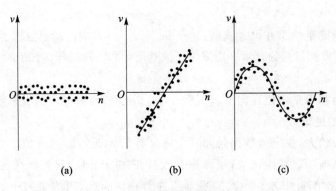

图 3-6　变值系统误差的发现

② 抵消法。如系统误差出现一次正、另一次为负时,可采取两次测得值的平均值作为一个测量结果。如用工具显微镜测量螺纹的螺距时,为了抵消工件安装不正确所引起的系统误差,可采用分别测量同一牙齿左、右牙面的螺距,取两测得值的平均值作为一次测量结果。又如用圆柱角尺检验直角尺的垂直度误差时,为了消除圆柱直角尺本身垂直度误差的影响,可以分别以圆柱直角尺两边素线为基准进行两次测量,并取两次读数的平均值作为测量结果。

③ 反馈修正法。反馈修正法是当知道系统误差与产生的因素之间的规律(函数关系式或经验公式)时,用传感器将这些因素的变化转换成数字信号输入计算机计算出修正量,并及时对测得值进行修正的方法。

2. 随机误差的处理

当对测量列进行系统误差消除后,可按下列程序进行随机误差的处理:

(1)计算测量列的算术平均值

在测量条件不变的情况下进行的测量,称为等精度测量。等精度测量得到的一系列测量值 $x_1, x_2, x_3, \cdots, x_n$ 的算术平均值为

$$\bar{x} = \frac{x_1 + x_2 + x_3 + \cdots + x_n}{n} = \frac{\sum x_i}{n}$$

(2)计算残差

$$v_i = x_i - \bar{x}$$

(3)用标准偏差的估计计算式计算出单次测量值的标准偏差 σ

$$\sigma = \sqrt{\frac{v_1^2 + v_2^2 + v_3^2 + \cdots + v_n^2}{n-1}} = \sqrt{\frac{\sum\limits_{i=1}^{n} v_i^2}{n-1}}$$

(4)计算出测量列的算术平均值的标准偏差 $\sigma_{\bar{x}}$

$$\sigma_{\bar{x}} = \frac{\sigma}{\sqrt{n}} = \sqrt{\frac{\sum\limits_{i=1}^{n} v_i^2}{n(n-1)}}$$

(5)计算出测量结果

当以测量列中某一次测量值作为测量结果时,在无系统误差的情况下,测量结果表达式为

$$x_c = x_i \pm 3\sigma \tag{2-13}$$

此式可以认为测量结果在尺寸真值$(x_i - 3\sigma, x_i + 3\sigma)$范围内的可靠性为 99.73%。

当以多次等精度测量列的算术平均值作为被测尺寸真值的最佳估计值时,测量结果表示为

$$x_c = \bar{x} \pm 3\sigma_{\bar{x}} \tag{2-14}$$

此式可以认为算术平均值在尺寸真值$(\bar{x} - 3\sigma_{\bar{x}}, \bar{x} + 3\sigma_{\bar{x}})$范围内的可靠性为 99.73%。

3. 粗大误差的处理

粗大误差一般较大,在进行数据处理时应将含有粗大误差的测量值除去。判断粗大误差的准则是拉依达准则。该准则认为,当测量列服从正态分布时,残差落在$\pm 3\sigma$以外的概率仅有 0.27%,即 370 次测量中才有一次的残差超过$\pm 3\sigma$。因此,当测量列中的某一残差$|v_i| > 3\sigma$时,则认为该测量值中含有粗大误差,应予以剔除。每次剔除粗大误差时只能剔除一个,再重新计算剔除含有粗大误差测得值后的测量列的标准偏差,用这个标准偏差再次判断粗大误差,直到剔除完为止。如果测量次数少于 10 次,用拉依达准则是不能剔除测量列中的粗大误差的,所以在实际测量中测量次数要大于 10 次。

[**例 3-1**] 对某一轴径进行 15 次等精度测量,测得值如表 3-4 所列,假定测量过程中无系统误差,试求出测量结果。

解

① 计算测量列的算术平均值与残差:$\bar{x} = 30.460$ mm,测量列的残差、残差平方计算结果如表 3-4 所列。

表 3-4 轴直径测得值与残差计算表

序 号	测得值/mm	残差 $v_i/\mu m$	残差的平方 $v_i^2/\mu m^2$
1	30.457	-3	9
2	30.458	-2	4
3	30.458	-2	4
4	30.457	-3	9
5	30.467	$+7$	49
6	30.457	-3	9
7	30.458	-2	4
8	30.465	$+5$	25
9	30.457	-3	9
10	30.457	-3	9
11	30.466	$+6$	36
12	30.458	-2	4
13	30.469	$+9$	81
14	30.458	-2	4
15	30.458	-2	4
算术平均值	30.460	$\sum v_i = 0$	$\sum v_i^2 = 260$

② 计算测得值的标准偏差:$\sigma = \sqrt{\dfrac{\sum v_i^2}{n-1}} = 4.31 \ \mu m$。

③ 判别是否有粗大误差:用拉依达准则,$3\sigma = 12.93 \ \mu m$,在测量列中最大的残差为

$+9~\mu m$，最大残差小于 3σ，所以测量列中无粗大误差。

④ 计算算术平均值的标准偏差：$\sigma_{\bar{x}} = \sqrt{\dfrac{\sum v_i^2}{n(n-1)}} = 1.11~\mu m$。

⑤ 测量结果为 $30.460~mm \pm 0.003~3~mm$。

3.4.4　不确定度

现代测量中用测量不确定度表征测量结果的可靠性。

1. 测量不确定度

测量不确定度的定义为：表征合理地赋予被测量之值的分散性，是与测量结果相联系的参数。此参数可以是诸如标准偏差或其倍数，或说明了置信水准的区间的半宽度。测量不确定度由多个分量组成：其中一些分量可用测量列结果的统计分布估算（如标准偏差 σ），并用实验标准偏差表征，称为 A 类不确定度；另一些分量则可用基于经验或其他信息的假定概率分布估算，也可用标准偏差表征，称为 B 类不确定度。B 类评定方法需要了解计量器具、技术资料、测量方法、检定证书等信息提供的不确定度。

测量结果应理解为被测量真值的最佳估计，而所有的不确定度分量均贡献给了分散性，包括那些由系统效应引起的（如与修正值和参考测量标准有关的）分量。

标准不确定度是用标准偏差表示的不确定度，标准不确定度用符号 u 表示。

合成标准不确定度是当测量结果由若干其他量的值求得时，测量结果的合成标准不确定度由这些量的方差和协方差按一定方法合成得出（必要时要加权，其中权系数按测量结果随着这些量变化的情况而定）。合成标准不确定度用符号 u_c 表示，此时测量结果可表示为 $x_c = \bar{x} \pm u_c$，$\bar{x}$ 为被测量真值的估计值。

用合成标准不确定度 u_c 表示测量结果的不确定度，仅对应于标准偏差，所示测量结果 $x_c = \bar{x} \pm u_c$ 含被测量值真值的置信概率只有 68%。但对一些重要的和高精度的测量要求有更大的置信概率，故用扩展不确定度 U 表示：

$$U = k \times u_c$$

式中，k 为包含因子，一般取 $2 \sim 3$。

在实践中，测量不确定度可能来源于以下 10 个方面：

① 对被测量的定义不完整或不完善；

② 实现被测量的定义的方法不理想；

③ 取样的代表性不够，即被测量的取样不能代表所定义的被测量；

④ 对测量过程受环境影响的认识不周全，或对环境条件的测量与控制不完善；

⑤ 对模拟仪器的读数存在人为偏移；

⑥ 测量仪器的分辨力或鉴别力不够；

⑦ 赋予计量标准的值和参考物质（标准物质）的值不准；

⑧ 引用于数据计算的常量和其他参量不准；

⑨ 测量方法和测量程序的近似性和假定性；

⑩ 在表面上看来完全相同的条件下，被测量重复观测值的变化。

测量不确定度是一个确定的值，在测量条件不变的情况下，测量不确定度是不会发生改变的。测量误差是构成测量不确定度的主要因素，测量误差的数据处理是计算测量不确定度的基础。

2. 计量器具的不确定度

计量器具的不确定度是指由于计量器具的误差而使被测量的真值不能确定的程度。计量器具的不确定度反映出计量器具的精度高低,它综合反映出计量器具的示值误差、重复性、回程误差等对测量值的影响。如分度值为 0.01 mm 的外径千分尺在车间条件下,测量尺寸小于 50 mm 的零件时,其不确定度为±0.004 mm。计量器具的不确定度是测量不确定度的重要组成部分。

3.5 三坐标测量机简介

三坐标测量机是在三个相互垂直的方向上有导向机构、测长元件、数显装置,有一个能够放置零件的工作台(大型和巨型不一定有),测头可以手动或机动方式轻快地移动到被测点上,在测头与零件表面接触的瞬时触发计算机读取三个坐标上坐标值的长度测量仪器。三坐标测量机按预设程序测量若干个数据后,计算机对测量数据进行处理,并对测量误差进行修正后,显示出测量结果。三坐标测量机自从 20 世纪 50 年代发明以来,在制造、设计、检测等方面发挥出了重要的作用,广泛应用于机械制造、机械设计、航空航天、汽车制造、电子技术等领域。

3.5.1 三坐标测量机结构与分类

三坐标测量机是由安装工件的工作台、立柱、横梁、导轨、三维测头、坐标位移测量装置和计算机数控装置组成,如图 3-7 所示。三坐标测量机的分类方法如表 3-5 所列。

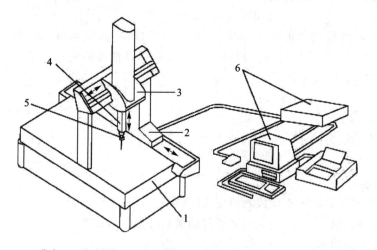

三坐标测量机
测量工件

(视频时长:2 分
57 秒,约 35M)

1—工作台;2—移动桥架;3—中央滑架;4—Z 轴;5—测头;6—计算机控制系统

图 3-7 三坐标测量机的组成

表 3-5 三坐标测量机的分类

按精度（1 m 有效长度）	生产型:7 μm;精密型:4.5 μm;计量型:2 μm
按大小	小型:最长轴≤1 m;中型:最长轴 1～2 m;大型:最长轴 2～4 m;巨型:最长轴>4 m

按采点方式	点位取样型、连续取样型
按运动形式	机动型和手动型
按机械结构	桥式、龙门式、立柱式、悬臂式等
按测头接触方式	接触式、非接触式等

三坐标测量机结构形式中，桥式和龙门式具有较高的刚度，可有效地减小移动部件在不同位置时，其重力所造成的三坐标测量机的非均匀变形，从而在垂直方向上具有较高的测量精度。

现代三坐标测量机的控制方式普遍采用计算机数字控制，三坐标测量机的操作与数控机床相似。

3.5.2　三坐标测量机的工作原理

三坐标测量机是基于坐标测量原理基础上的数字测量设备。它首先将各被测几何元素的测量转化为对这些几何元素上一些点集坐标的测量，在测得这些点的坐标位置后，再根据这些点的空间坐标值，经过数学运算求出其尺寸和几何误差。如图 3 - 8 所示，要测量工件上一圆柱孔的直径，可以在垂直于孔轴线的截面 I 内，触测内孔壁上三个点（点 1、2、3），则根据这三点的坐标值就可计算出孔的直径及圆心坐标 O_1；如果在该截面内触测更多的点（点 1、2、⋯、n，n 为测点数），则可根据最小二乘法计算出该截面圆的圆度误差；如果对多个垂直于孔轴线的截面圆（I、II、⋯、m，m 为测量的截面圆数）进行测量，则根据测得点的坐标值可计算出孔的圆柱度误差以及各截面圆的圆心坐标，再根据各圆心坐标值可计算出孔轴线直线度误差；如果再在孔端面 A 上触测三点，则可计算出孔轴线对端面的垂直度误差。由此可见，三坐标测量机的这一工作原理使得其具有很大的通用性与柔性。从原理上说，它可以测量任何工件的任何几何元素的任何参数。

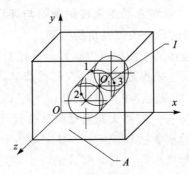

图 3 - 8　坐标测量原理

3.5.3　测　头

三坐标测量机的采点发讯装置是测头，其测量过程就是当测头接触工件并发出采点信号时，由控制系统去采集当前测量机三轴坐标相对于坐标原点的坐标值，再由计算机系统对数据进行处理和输出。因此测量机可以用来测量直接尺寸,也可以获得间接尺寸和几何误差及各种相关关系,也可以实现全面扫描和一定的数据处理功能,为加工提供数据和测量结果。自动型还可以进行自动测量,实现批量零件的自动检测。

测头是三坐标测量机非常关键的部件,在一定程度上测头的发展先进程度就标志着三坐标测量机的发展先进程度。测头分为接触类测头与非接触类测头,接触类测头有触发式、模拟式两种。非接触类测头有激光三角测量、激光成像、机器视觉等。非接触类测头与零件表面不接触,可用于测量软体的表面。不同零件需要选择不同功能的测头进行测量。

3.5.4 测量机的控制

三坐标测量机控制系统的功能是:读取空间坐标值,控制测量瞄准系统对测头信号进行实时响应与处理,控制机械系统实现测量所必需的运动,实时监控三坐标测量机的状态,以保障整个系统的安全性与可靠性等。现代三坐标测量机普遍采用数字控制方式,控制系统的测量进给是计算机控制的。它可以通过程序对测量机各轴的运动进行控制以及对测量机运行状态进行实时监测,从而实现自动测量。

3.5.5 测量软件及软件包

许多厂家都开发了基于 Windows 的三坐标测量机通用的几何测量软件,一般都具备极其方便的操作功能和强大的联机功能,以及友好的工作界面。多任务的模式和完善的测量功能可满足用户完成基本元素和一些较为复杂零件的测量。为了满足不同层次用户的需求,大多数三坐标测量机生产厂家在基本测量软件之上,都引进、开发、研制了具有特殊功能的测量软件,形成不同于他人的软件包,并利用其基本软件的联机功能,不断完善和拓宽数控三坐标测量机的应用范围。

3.5.6 三坐标测量机的应用

三坐标测量机在汽车、发动机制造中发挥着重要的作用,具体应用如下:

1. 常规测量——对缸体与缸盖结合面平面度的测量与评定,变速箱差速器壳体同轴度、对称度的检测,车桥后臂的几个关键夹角的检测

对于缸体与缸盖结合面有较小的平面度可以很好地保证发动机在工作时不发生漏水和漏油现象。根据实际情况在结合面上采集足够的点(视具体情况,一般可考虑采 8 个点左右),并尽可能使点均匀分布,通过数据处理获得平面度误差。

2. 提高测量效率与降低成本——缸盖火花塞螺纹孔位置尺寸的检测

火花塞螺纹孔的位置尺寸检测方法比较特殊:其一是由于螺纹孔轴线与加工基准(即坐标系)成一定角度;其二是三坐标机不能从其攻螺纹的方向检测,只能从背后方向探测采点。因此,检测时采用的做法是在采完第一个点时,测头前进 P/N 长度采第二个点(N 为每周采点数,P 为螺纹孔螺距),依此类推,直到该截面点采完为止。螺纹孔轴线建立之后,还应求出该轴线与缸体结合面交点的坐标,这样求得的基准位置尺寸误差最小,重复性好。使用三坐标测量机可以方便地完成传统测量方式很难完成或检测费工费时的零部件。

3. 揭示加工误差产生的原因

国内某著名轿车集团在生产缸体主轴承盖时,其螺栓孔的位置度经常超差,后来通过用三坐标测量机来测量螺纹孔,并运用统计分析方法分析测量结果并结合螺纹孔的加工工艺,得出:在加工工艺流程钻孔—铰孔—攻螺纹中,造成超差的原因就是铰孔和攻螺纹这两道工序的设备加工能力值不足;改进的途径是将铰孔的位置度公差从 0.2 mm 提高到 0.1 mm,从而保证了螺栓孔的位置度精度。

4. 对复杂工件检测——发动机凸轮进排气轮升程的测量

测量凸轮升程的原理:首先编辑凸轮轮廓名义值,建立工件坐标系,在曲面上选取一个截面进行扫描,形成实测轮廓,扫描过程中测头的受力方向始终是法向;然后,将实测值与理论值转化成法向;最后逐点比较实测值和理论值并计算出各点的升程偏差,其中最大正偏差和最小负偏差的差值就是线轮廓度误差。

3.6 光滑工件尺寸的检验

《产品几何技术规范(GPS)光滑工件尺寸的检验》(GB/T 3177—2009)用于光滑工件尺寸检验时验收极限的确定和量具选择。GB/T 3177—2009 是公差与配合标准体系的重要组成部分,也是实施《极限与配合》(GB/T 1800.1、1800.2)等一系列标准的技术保证。

3.6.1 标准的适用范围

GB/T 3177—2009 适用于使用通用计量器具,如游标卡尺、千分尺及车间使用的比较仪、投影仪等量具量仪,图样上注出的公差等级为 6 级～18 级(IT6～IT18)、公称尺寸至 500 mm 的光滑工件尺寸的检验,也适用于对一般公差尺寸的检验。

3.6.2 验收原则

标准规定的验收原则是:所用验收方法应只接收位于规定的尺寸极限之内的工件。工件尺寸的检验是使用普通计量器具来测量尺寸,并按规定的验收极限判断工件尺寸是否合格。为了保证只接收位于规定的尺寸极限之内的工件,标准规定了安全裕度 A,用于补偿测量误差(包括计量器具本身的内在误差,环境条件引起的误差,测力变形引起的误差等)、工件几何误差等对合格性的影响。

标准规定的验收方法的基础:

① 工件的几何误差取决于加工设备及工艺装备的精度;

② 工件合格与否,按一次测量结果来判断;

③ 不修正由温度、压陷效应等引起的测量误差以及由计量器具和标准器的系统误差引起的测量误差;

④ 标准参考温度为 20 ℃。

3.6.3 验收极限的确定

1. 验收方式

标准规定了两种方式的验收极限,并明确了相应的计算公式。

方式一:内缩验收极限,即从规定的上极限尺寸和下极限尺寸分别向工件公差带内移动一个安全裕度 A 来确定,如图 3-9 所示。

安全裕度 A 值的选择直接关系到产品的质量和经济性,同时它又受生产中多种因素的影响,与设计、工艺、检验等有关。A 值选择的大,易于保证产品质量,但生产公差减小过多,误废率相应增大,加工的经济性差;A 值选择的小,加工经济性好,误废率低,但对计量器具精度的要求高,带来计量器具选择的困难,测量成本增加。因此,A 值必须选择适当,才能达到既保证工件的互换性要求,又具有一定的经济性。

方式二:不内缩验收极限,即以零件的上极限尺寸和下极限尺寸为验收极限,即 A 值等于零,验收极限与极限尺寸重合,如图 3-10 所示。

图 3-9 内缩验收极限   图 3-10 不内缩验收极限

2. 验收方式的选择

① 对遵守包容要求的尺寸、公差等级高的尺寸,为保证配合性质和零件精度,采用内缩的验收极限。

② 当过程能力指数 $C_p \geqslant 1$ 时,其验收极限可采用不内缩验收极限;但对遵循包容要求的尺寸,其最大实体尺寸一边的验收极限仍按内缩验收极限确定。过程能力指数 C_p 是工件公差值 T 与加工设备工艺能力 6σ 之比值。一般情况下,工件尺寸是否能控制在极限尺寸之内,取决于工艺过程而不取决于检验过程,因此,改善工艺过程才是减小误收率和误废率的根本途径。所以,当工件的提取组成要素的局部尺寸分布趋于正态分布且工艺能力指数较大($C_p=1\sim1.33$)时,即工艺可保证工件提取组成要素的局部尺寸几乎全部在公差带内,就没有采用内缩的验收极限的必要了。

③ 对偏态分布(非正分布)的尺寸,其验收极限可以仅对尺寸偏向的一边按内缩的验收极限确定。

④ 对非配合和一般公差的尺寸,其验收极限按不内缩验收极限确定。

3.6.4 计量器具的选择

1. 计量器具的选用原则

选择计量器具的原则是:

① 计量器具的结构形式与技术参数应能满足被测对象形式和被测量大小的要求,如外径千分尺只能测量外尺寸,测量内尺寸应选择内径千分尺等量具。

② 计量器具的选择应满足测量成本与测量效率的要求。如大批量生产应选择自动化程度高、检验效率高的计量器具。

③ 计量器具精度要与被测工件的公差相适应。所选用的计量器具的测量不确定度数值应等于或小于标准规定的 u_1 值,各公差等级规定的安全裕度 A、计量器具允许的不确定度值如表 3-6 所列,千分尺、游标卡尺的不确定度如表 3-7 所列,比较仪的不确定度如表 3-8 所列。

表 3-6 各公差等级对应的安全裕度与计量器具允许的不确定值

单位：μm

公差等级 6～11：

公称尺寸/mm 大于	至	6 T	6 A	6 u₁ I	6 u₁ II	6 u₁ III	7 T	7 A	7 u₁ I	7 u₁ II	7 u₁ III	8 T	8 A	8 u₁ I	8 u₁ II	8 u₁ III	9 T	9 A	9 u₁ I	9 u₁ II	9 u₁ III	10 T	10 A	10 u₁ I	10 u₁ II	10 u₁ III	11 T	11 A	11 u₁ I	11 u₁ II	11 u₁ III
—	3	6	0.6	0.5	0.9	1.4	10	1.0	0.9	1.5	2.3	14	1.4	1.3	2.1	3.2	25	2.5	2.3	3.8	5.6	40	4.0	3.6	6.0	9.0	60	6.0	5.4	9.0	14
3	6	8	0.8	0.7	1.2	1.8	12	1.2	1.1	1.8	2.7	18	1.8	1.6	2.7	4.1	30	3.0	2.7	4.5	6.8	48	4.8	4.3	7.2	11	75	7.5	6.8	11	17
6	10	9	0.9	0.8	1.4	2.0	15	1.5	1.4	2.3	3.4	22	2.2	2.0	3.3	5.0	36	3.6	3.3	5.4	8.1	58	5.8	5.2	8.7	13	90	9.0	8.1	14	20
10	18	11	1.1	1.0	1.7	2.5	18	1.8	1.7	2.7	4.1	27	2.7	2.4	4.1	6.1	43	4.3	3.9	6.5	9.7	70	7.0	6.3	11	16	110	11	10	17	25
18	30	13	1.3	1.2	2.0	2.9	21	2.1	1.9	3.2	4.7	33	3.3	3.0	5.0	7.4	52	5.2	4.7	7.8	12	84	8.4	7.6	13	19	130	13	12	20	29
30	50	16	1.6	1.4	2.4	3.6	25	2.5	2.3	3.8	5.6	39	3.9	3.5	5.9	8.8	62	6.2	5.6	9.3	14	100	10	9.0	15	23	160	16	14	24	36
50	80	19	1.9	1.7	2.9	4.3	30	3.0	2.7	4.5	6.8	46	4.6	4.1	6.9	10	74	7.4	6.7	11	17	120	12	11	18	27	190	19	17	29	43
80	120	22	2.2	2.0	3.3	5.0	35	3.5	3.2	5.3	7.9	54	5.4	4.9	8.1	12	87	8.7	7.8	13	20	140	14	13	21	32	220	22	20	33	50
120	180	25	2.5	2.3	3.8	5.6	40	4.0	3.6	6.0	9.0	63	6.3	5.7	9.5	14	100	10	9.0	15	23	160	16	15	24	36	250	25	23	38	56
180	250	29	2.9	2.6	4.4	6.5	46	4.6	4.1	6.9	10	72	7.2	6.5	11	16	115	12	10	17	26	185	19	17	28	42	290	29	26	44	65
250	315	32	3.2	2.9	4.8	7.2	52	5.2	4.7	7.8	12	81	8.1	7.3	12	18	130	13	12	19	29	210	21	19	32	47	320	32	29	48	72
315	400	36	3.6	3.2	5.4	8.1	57	5.7	5.1	8.4	13	89	8.9	8.0	13	20	140	14	13	21	32	230	23	21	35	52	360	36	32	54	81
400	500	40	4.0	3.6	6.0	9.0	63	6.3	5.7	9.5	14	97	9.7	8.7	15	22	155	16	14	23	35	250	25	23	38	56	400	40	36	60	90

公差等级 12～18：

公称尺寸/mm 大于	至	12 T	12 A	12 u₁ I	12 u₁ II	13 T	13 A	13 u₁ I	13 u₁ II	14 T	14 A	14 u₁ I	14 u₁ II	15 T	15 A	15 u₁ I	15 u₁ II	16 T	16 A	16 u₁ I	16 u₁ II	17 T	17 A	17 u₁ I	17 u₁ II	18 T	18 A	18 u₁ I	18 u₁ II
—	3	100	10	9.0	15	140	14	13	21	250	25	23	38	400	40	37	60	600	60	554	90	1 000	100	90	150	1 400	140	135	210
3	6	120	12	11	18	180	18	16	27	300	30	27	45	480	48	43	72	750	75	68	110	1 200	120	110	180	1 800	180	160	270
6	10	150	15	14	23	220	22	20	33	350	36	32	54	580	58	52	87	900	90	81	140	1 500	150	140	230	2 200	220	200	330
10	18	180	18	16	27	270	27	24	41	430	43	39	65	700	70	63	110	1 100	110	100	170	1 800	180	160	270	2 700	270	240	400
18	30	210	21	19	32	330	33	30	50	520	52	47	78	840	84	76	130	1 300	130	120	200	2 100	210	190	320	3 300	330	300	490
30	50	250	25	23	38	390	39	35	59	620	62	56	93	1 000	100	90	150	1 600	190	140	240	2 500	250	220	380	3 900	390	350	580
50	80	300	30	27	45	460	46	41	69	740	74	67	110	1 200	120	110	180	1 900	190	170	290	3 000	300	270	450	4 600	460	410	690
80	120	350	35	32	53	540	54	49	81	870	87	78	130	1 400	140	130	210	2 200	220	20	330	3 500	350	320	530	5 400	540	480	810
120	180	400	40	36	60	630	63	57	95	1 000	100	90	150	1 600	160	150	240	2 500	250	230	380	4 000	400	360	600	6 300	630	570	940
180	250	460	46	41	69	720	72	65	110	1 150	115	100	170	1 800	180	170	280	2 900	290	260	440	4 600	460	410	690	7 200	720	650	1080
250	315	520	52	47	78	810	81	73	120	1 300	130	120	190	2 100	210	190	320	3 200	320	290	480	5 200	520	470	780	8 100	810	730	1210
315	400	570	57	51	86	890	89	80	130	1 400	140	130	210	2 300	230	210	350	3 600	360	320	540	5 700	570	510	850	8 900	890	800	1330
400	500	630	63	57	95	970	97	87	150	1 500	150	140	230	2 500	250	230	380	4 000	400	360	600	6 300	630	570	950	9 700	970	870	1450

表 3-7　千分尺与游标卡尺的测量不确定度　　　　　　　　　　　　mm

尺寸范围		计量器具的类型			
		分度值 0.01 外径千分尺	分度值 0.01 内径千分尺	分度值 0.02 游标卡尺	分度值 0.05 游标卡尺
大于	至	测量不确定度			
0	50	0.004	0.008	0.02	0.05
50	100	0.005			
100	150	0.006	0.013		
150	200	0.007			
200	250	0.008			0.10
250	300	0.009			
300	350	0.010	0.020		
350	400	0.011			
400	450	0.012			
450	500	0.013	0.025		
500	600		0.030		
600	700				
700	1000				0.15

表 3-8　比较仪的测量不确定度　　　　　　　　　　　　mm

尺寸范围		计量器具的类型			
		分度值 0.000 5(相当于放大倍数 2 000 倍)的比较仪	分度值 0.001(相当于放大倍数 1 000 倍)的比较仪	分度值 0.002(相当于放大倍数 400 倍)的比较仪	分度值 0.005(相当于放大倍数 250 倍)的比较仪
大于	至	测 量 不 确 定 度			
0	25	0.000 6	0.001 0	0.001 7	0.003
25	40	0.000 7			
40	65	0.000 8	0.001 1	0.001 8	
65	90				
90	115	0.000 9	0.001 2	0.001 9	
115	165	0.001 0	0.001 3		
165	215	0.001 2	0.001 4	0.002 0	0.003 5
215	265	0.001 4	0.001 6	0.002 1	
265	315	0.001 6	0.001 7	0.002 2	

2. 计量器具引起的测量不确定度允许值 u_1

测量不确定度一般包括许多分量,其中包括由计量器具误差、环境误差和测量方法误差等引起的测量不确定度。标准根据其制定的基础和条件,指出由计量器具引起的测量不确定度允许值 u_1 约为测量不确定度 u 的 90%,而由温度、压陷效应、形状误差等引起的测量不确定度 u_2 约为测量不确定度的 45%。

对于公差等级为 IT6～IT11 级,国家标准中规定了 Ⅰ、Ⅱ、Ⅲ 挡,而对于 IT12～IT18,u_1 值国家标准中只规定了 Ⅰ、Ⅱ 挡。Ⅰ、Ⅱ、Ⅲ 挡分别为工件公差的 1/10、1/6、1/4。在选择时优先选择 Ⅰ 挡,其次是 Ⅱ、Ⅲ 挡。

[例 3-2]　图 2-29 所示减速器输出轴与大齿轮孔配合的轴颈为 $\phi 100n6$,遵守包容原

则,试确定验收极限。

解

确定安全裕度:该工件的公差等级为 6 级,查表 3-6 得 $A=0.0022$ mm,u_1 取Ⅰ挡时,$u_1=0.002$ mm。

计算验收极限:因为该工件遵守包容原则,所以采用内缩的验收极限。

上验收极限=上极限尺寸$-A=100.045-0.0022=100.0428$

下验收极限=下极限尺寸$+A=100.023+0.0022=100.0252$

选择计量器具:查表 3-8 得,在 90~115 mm 的尺寸段中对应分度值为 0.002 mm 的比较仪的测量不确定度为 0.0019 mm$<u_1$,所以选择分度值为 0.002 mm 的比较仪。

第4章 几何公差及测量

【学习目的与要求】 熟悉零件几何误差对零件使用性能的影响,掌握几何公差的特征项目及其特点;能够分析一个具体的几何公差标注公差带的四要素、公差原则;会依据零件的使用要求选择出几何公差项目、基准、公差等级、公差原则,能查出相应的公差值;能够正确解释图面上标注的几何公差。

4.1 概　述

4.1.1 几何误差产生的原因及对使用性能的影响

零件不论其各自的结构特征如何,都是由一些基本的点、线、面所组成,这些点、线、面统称为几何要素,要素如图 2-1 所示。在几何公差中形状是指一个要素本身的几何形态,如直线、平面、圆、圆柱面等。位置则是指两个及以上要素之间所形成的方向和位置关系,如平行、垂直、同轴等。形状误差是实际要素对其公称要素的变动量;位置误差是实际要素对一具有确定方向或位置的公称要素的变动量。对零件几何误差的控制就是对零件的几何要素的形状与相互之间的位置关系进行控制。

零件在加工过程中,由于机床、夹具、刀具、零件、加工环境所组成的工艺系统本身的误差,以及加工中工艺系统的受力变形、受热变形、振动、磨损及应力的产生与释放等因素,都会使加工后的零件的几何要素实际形状相对理想形状产生偏离,各几何要素之间的实际位置相对理想位置产生偏离。几何误差是加工过程中必然产生的结果。

零件的几何误差直接影响着零件的使用性能、配合性质、可装配性、运动的平稳性和噪声、运动副的润滑性能等。例如孔、轴圆柱面的形状误差,会影响孔和轴配合的性质。对间隙配合使配合间隙均匀性变差,造成配合件局部磨损加剧,从而降低运动精度和零件的使用寿命;对过盈配合,会使结合面各处的过盈量大小不一,影响零件的连接强度;几何误差过大时,孔和轴装配难度加大,可装配性变差;机床导轨的直线度误差,使车刀的运动精度下降,导致所加工出的零件有形状误差;变速箱中的两轴承孔的平行度误差过大,会使相互啮合的齿轮的齿面接触精度下降,降低齿轮承载能力。因此,为了满足零件的使用性能要求,保证零件的互换性和经济性,必须对加工中出现的几何误差进行限制,控制的方法是给定零件的几何公差。

4.1.2 几何公差特征项目与符号

依据构成零件的几何要素的形状特征与相互位置功能关系,GB/T 1182—2008 规定了几何公差特征项目共四类 19 项,如表 4-1 所列。其中,形状公差 6 项,方向公差 5 项,位置公差 6 项,跳动公差 2 项。面轮廓度和线轮廓度依据对注出几何公差的要素限制的程度可以是形状公差、方向公差和位置公差,对注出几何公差要素限制的程度由基准和理论正确尺寸所确定。

表 4 - 1　几何公差特征项目与符号

公差类型	几何特征	符　号	有无基准
形状公差	直线度	—	无
	平面度	▱	无
	圆度	○	无
	圆柱度	⌭	无
	线轮廓度	⌒	无
	面轮廓度	⌓	无
方向公差	平行度	∥	有
	垂直度	⊥	有
	倾斜度	∠	有
	线轮廓度	⌒	有
	面轮廓度	⌓	有
位置公差	位置度	⊕	有或无
	同心度(用于中心点)	◎	有
	同轴度(用于轴线)	◎	有
	对称度	═	有
	线轮廓度	⌒	有
	面轮廓度	⌓	有
跳动公差	圆跳动	↗	有
	全跳动	⥮	有

注：几何公差符号的线型宽度为 $b/2\sim b$(b 为粗实线宽),但跳动符号的箭头外的
　　线是细实线。

4.1.3　几何公差的标注

国家标准规定几何公差采用框格标注法标注。框格标注法的最大特点是在图样上直接表示出被测要素、基准要素、几何公差值、公差原则、几何公差限制要求等,它与文字标注方式相比不会引起异议,便于技术上的交流。

1. 公差框格与基准符号

用公差框格标注几何公差时,公差要求注写在划分成两格或多格的矩形框格内。各格自左至右顺序标注以下内容:第一格,几何特征符号;第二格,公差值及有关符号;第三格至第五格,基准字母与有关符号,其基准字母顺序就是基准的顺序。公差框格如图 4 - 1(a)所示。几何公差值以 mm 为单位。当几何公差带为两平行直线、两平行平面、两圆柱面之间等的区域时,在公差值前不加注任何符号;

几何公差的标注
(视频时长:6 分
51 秒,约 28M)

当几何公差带为圆形和圆柱形的区域时,在公差值前加注符号 ϕ;当几何公差带为球形时,在公差值前加注符号 $S\phi$。

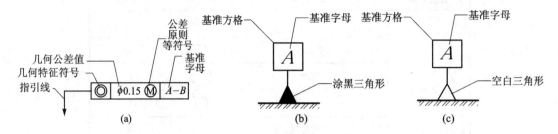

图 4-1　公差框格与基准符号

基准符号如图 4-1(b)、(c)所示。基准字母标在基准方格内,每个方格内填写一个大写字母。方格与一个涂黑的或空白的三角形相连以表示基准,涂黑的和空白的三角形含义相同。

2. 几何公差的附加符号

表 4-2 所列为几何公差的附加符号和标注示例。附加符号对几何公差的适用范围、几何公差与尺寸公差的关系、被测要素等进行说明。

表 4-2　几何公差的附加符号

符号名称	符 号	标注示例	称号名称	符 号	标注示例
包容要求	Ⓔ	$\phi 55h7$Ⓔ	理论正确尺寸	50	
最大实体要求	Ⓜ	— $\phi 0.02$Ⓜ	基准目标	Ⓐ $\frac{\phi 20}{A1}$	
最小实体要求	Ⓛ	— $\phi 0.02$Ⓛ	不凸起	NC	— 0.02 NC
公共公差带	CZ	∕ 0.015CZ	任意横截面	ACS	◎ $\phi 0.04$ A ACS
小径	LD	— $\phi 0.02$ LD	线素	LE	∥ 0.04 A B LE
大径	MD	— $\phi 0.02$ MD	中径、节径	PD	— $\phi 0.02$ PD
可逆要求	Ⓡ	— $\phi 0.015$Ⓡ	全周(轮廓)		⌀
延伸公差带	Ⓟ	⊕ $\phi 0.03$ Ⓟ A	自由状态条件(非刚性零件)	Ⓕ	⊕ $\phi 0.03$ Ⓕ A

3. 被测要素标注方法

被测要素是给出几何公差要求的几何要素。框格法标注几何公差用带箭头的指引线将公差框格与被测要素相连来指明被测要素。指引线可从框格的两端引出。指引线从框格引出时必须垂直于框格,而引向被测要素时允许弯折,但不得多于两次。当尺寸不够时,指引线的箭头可以代替尺寸线的箭头。

① 当公差涉及轮廓线或轮廓面时,指引线箭头指向该要素的轮廓线或轮廓线的延长线上,但必须与尺寸线明显的错开,如图 4-2 (a)、(b)所示。箭头也可指向引出线的水平线,引出线引自被测面,如图 4-2(c)所示。

② 当公差涉及要素的中心线、中心面或中心点时,箭头应位于相应尺寸线的延长线上,如图 4-2(d)、(e)所示。当几何公差要求适用于所在视图上整周轮廓或由该轮廓所示的整周表面时,标注全周符号,图 4-2(f)中线轮廓公差同时控制 K、M、N 面,对 H、J 面不控制。

③ 对同一被测要素有多个几何公差要求时,可在一条指引线的末端画出多个框格,如图 4-2(g)所示。

④ 对多个相同几何特征的被测要素有相同的几何公差要求时,按图 4-2(h)方法进行标注,也就是 P、R、S、W 面有相同的平面度公差要求。

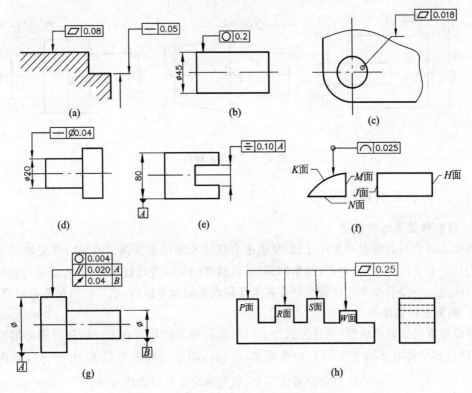

图 4-2　几何公差框格与被测要素的标注

4. 基准要素的标注方法

基准要素是确定被测要素方向或位置的几何要素,理想的基准要素称为基准。对于有基准要求的方向公差、位置公差、跳动公差必须用基准符号指明基准,不允许用指引线与基准要素直接相连。基准符号的标注有以下几种方法:

① 当基准要素是轮廓要素时,基准三角形靠近基准要素的轮廓线或它的延长线上,但应与尺寸线明显的错开,如图 4-3(a)所示。基准三角形也可以放置在该轮廓面引出线的水平线上,如图 4-3(b)所示。

② 当基准要素是轴线、中心平面或中心点时,基准三角形应放置在该尺寸线的延长线上,如图 4-3(c)所示。如果没有足够的位置标注出基准要素尺寸的两个箭头时,则其中一个箭头可用基准三角形代替,如图 4-3(d)所示。当基准是圆锥面的轴线时,按图 4-3(e)所示的方式标注。

③ 基准字母的标注,不论基准符号的方向如何,基准字母都必须水平方向书写。

④ 基准要素为两个要素组成的公共基准时,按图 4-3(f)方式标注,公共基准在几何公差框格中标注为 $A-B$ 形式。

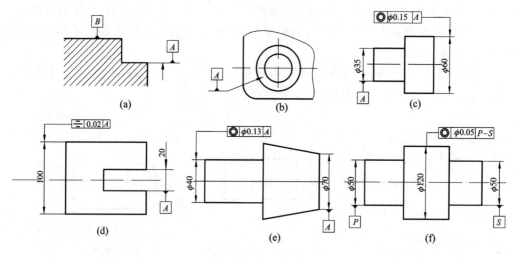

图 4-3 基准的标注

4.1.4 几何误差的检测原则

1. 与拟合要素比较原则

将提取要素与其拟合要素相比较,量值由直接法或间接法获得。测量时将提取组成要素与代表拟合要素的光线、刀口刃、张紧的钢线、高精度的平面等进行比较,从而测量出被测要素的几何误差。与拟合要素相比较原则是测量几何误差的基本原则,也是应用最普遍的原则。

2. 测量坐标值原则

测量提取要素的坐标值,通过公式计算得出几何要素的几何误差。如评定圆心的位置度误差,通过测量提取导出要素圆心的坐标值 x_1、y_1,圆心的理论坐标值为 x_0、y_0,运用公式 $\sqrt{(x_1-x_0)^2+(y_1-y_0)^2}$ 计算出位置度误差,就是测量坐标原则的应用。

3. 测量特征参数原则

测量实际要素上具有代表性的参数来代替要测的几何误差,如用千分尺测量同一截面上相互垂直的两个轴径尺寸,取两尺寸差的一半作为该轴径的圆度误差就是符合测量特征参数原则的测量方法。

4. 测量跳动原则

在实际要素绕基准轴线旋转过程中,沿给定方向测量其对某参考点或线的变动量作为该要素的几何误差值,如测量轴颈绕基准轴线旋转的径向圆跳动值,作为该轴颈的圆度误差值。

5. 控制实效边界原则

检验实际要素不超出某一规定的边界,以判断零件是否合格的原则。用各种量规测量几何误差就是控制实效边界原则的应用。

4.1.5 几何误差的评定准则

评定几何误差就是将提取要素与拟合要素相比较。对于形状误差,其拟合要素的确定要依据最小条件。对于位置、方向、跳动误差其拟合要素由基准与理论正确尺寸确定。理论正确尺寸是确定要素理论正确位置、方向或轮廓的尺寸。理论正确尺寸不带公差,但用框格表示,如 $\boxed{50}$ 。

　　最小条件是提取(实际)要素对其拟合要素的最大变动量为最小。提取(实际)要素在与拟合要素的比较中,提取(实际)要素上任意位置相对拟合要素都有一个几何误差值,在这诸多误差中取"最大";拟合要素相对提取(实际)要素的方位不同,每一个方位上都有"最大",取诸个"最大"中的"最小"为提取(实际)要素的几何误差值。最小条件确定出了拟合要素与提取(实际)要素之间的方位关系。在评定几何误差时一般用提取组成要素代替实际组成要素,用提取导出要素代替导出要素。

　　在实际应用时,用最小包容区域法来评定形状误差。最小包容区域法就是用一个具有理想形状的区域包容提取(实际)要素,同时调整包容区域的宽度或直径,当区域的宽度或直径为最小时,该区域宽度和直径值就为提取要素的形状误差值。

　　最小包容区域应满足的条件:必须包容提取(实际)要素,同时为最小的直径与宽度。在评定形状误差时最小条件的应用如图 4-4(c)所示,理想平行直线 A_1-B_1 , A_2-B_2 , A_3-B_3 处于不同的位置时形成三个包容区域,区域宽度 $f_3 > f_2 > f_1$,所以宽度为 f_1 的包容区域符合最小条件, f_1 为该线直线度误差。

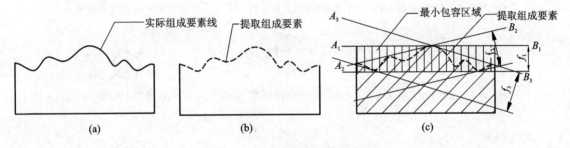

(a)　　　　　　　　　　(b)　　　　　　　　　　(c)

图 4-4　最小条件与最小包容区域

　　最小条件应用于位置误差评定时,最小包容区域与基准保持图样上给定的理想几何位置关系,同时对提取(实际)要素进行包容且宽度或直径为最小,图 4-5 所示为评定平行度误差时最小包容区域的确定。宽度为 $f_形$ 的包容区域是评定直线度误差的最小区域,是不受基准约束的。而评定平行度误差的定向最小包容区域 $f_{定向}$ 要与基准平行,是受基准约束的。

　　在评定几何误差时常用一些判别法来判别包容实际要素的区域是否是最小包容区域。

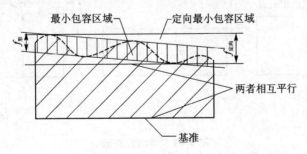

图 4-5　定向最小包容区域

4.1.6　几何公差带

几何公差带是由一个或几个理想的几何线或面所限定性的、由线性公差值表示其大小的区域。几何公差带就是限制实际组成要素变动的区域,除非有进一步限制性的要求,提取(实际)要素在公差带内可以具有任何形状、方向或位置。几何公差带有大小、形状、方向与位置四要素。几何公差带的大小是公差带的宽度或直径,为给定的公差值;几何公差控制的要素可以是一条直线,也可以是一条空间曲线,可以是平面,也可以是曲面,所以几何公差带是一个空间的区域,常用的几何公差带形状如图 4-6 所示,几何公差带的方向为公差带长度伸展的方向,对于形状公差由最小条件确定,对于方向公差、位置公差由基准与理论正确尺寸确定,如图 4-5 所示的平行度公差带与基准平行;公差带的位置有浮动与固定两种,公差带的位置随着被测要素的尺寸大小不同而位置不同时,称为浮动公差带,否则称为固定公差带,在图 4-7 中,平行度公差带的宽度为 0.2 mm,但当上表面尺寸为 50 mm,50.3 mm 时公差带的位置是不同的,所以平行度的公差带是浮动公差带。

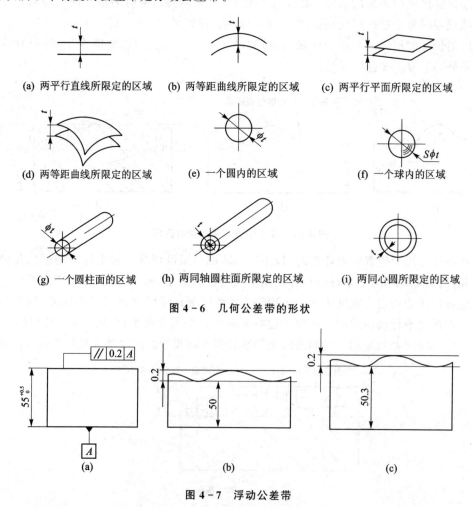

图 4-6　几何公差带的形状

图 4-7　浮动公差带

几何公差的公差带宽度方向为被测要素的法向,如图 4-8(a)所示;除非另有说明,图 4-8(b)所示的几何公差带宽度方向与轴线成 α 角度。

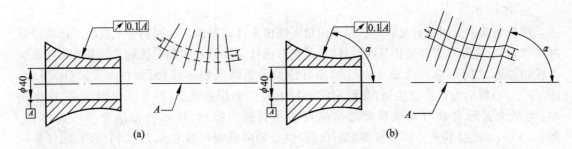

图 4-8　几何公差带

4.1.7　基准与三基面体系

基准的作用是用于确定被测要素的理想方向与位置,在几何公差中基准分为单一基准、公共基准与三基面体系。

作为单个使用的基准要素称为单一基准。基于两个或两个以上的基准要素建立的基准作为单一基准使用时称公共基准。图 4-8(a)中基准要素 $\phi40$ 轴线作为单个基准使用就是单一基准,图 4-3(f)中两个基准要素 $\phi50$ 圆柱面轴线 P 、S 所建立公共轴线作为一个基准使用就是公共基准。

三基面体系就是用三个相互垂直的平面构成的基准系,用于确定被测要素的方向与位置。三基面体系也就是通过 X 、Y 、Z 三个坐标轴组成互相垂直的三个理想平面,使这三个平面与零件上选定的基准要素建立联系,作为确定和测量零件上各几何关系的起点,并按功能要求,将这三个平面分别称为第一、第二和第三基准平面,总称为三基面体系,如图 4-9 所示。在使用时第一基准优先保证,使实际基准面与第一基准面可靠接触,其次是保证第二基准面的接触,最后是保证第三基准面的接触。

在三基面体系中第二基准面垂直于第一基准面,第三基准面垂直于第一基准面和第二基准面。

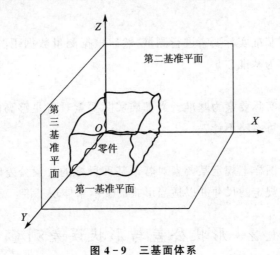

图 4-9　三基面体系

基准的体现

在几何误差测量中,基准要素可用下列四种方法来体现:

1) 模拟法

模拟法就是采用具有足够形状精度的精密表面来体现基准。如用精密平板的平面模拟基准平面,基准实际要素与模拟基准接触时,可能形成稳定接触或非稳定接触。若基准实际要素与模拟基准之间形成符合最小条件的相对位置关系就是稳定接触,如图 4-10(b)所示。图 4-10(c)所示为非稳定接触,非稳定接触可能有多种位置状态,测量几何误差时,应作调整,使基准实际要素与模拟基准之间尽可能达到稳定接触,以使测量结果尽可能准确。图 4-11 所示是将精密心轴安装在实际孔内,以心轴的轴线代替基准 D 孔轴线,心轴与基准要素之间应为无间隙的配合,通常用带有很小锥度的心轴或可涨心轴来实现。

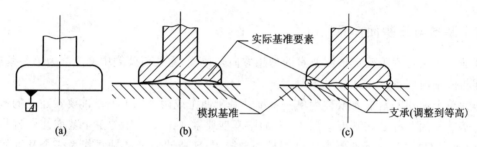

图 4-10 基准平面的模拟

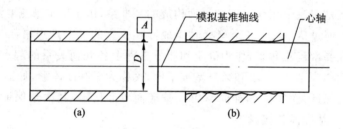

图 4-11 模拟基准

2) 分析法

分析法就是通过对基准实际要素进行测量,然后根据测量数据用图解法或计算法按最小条件确定的理想要素作为基准。

3) 直接法

直接法就是以基准实际要素为基准。当基准实际要素具有足够高的形状精度时,其形状误差对测量结果的影响可忽略不计。

4) 目标法

目标法就是当设计图样上规定某要素对若干基准目标的位置公差时,可按图样标注的要求,在规定的位置上,按规定的尺寸并以适当形式的支承来体现基准。

4.2 形状公差与形状误差测量

形状误差是提取(实际)要素对其拟合要素所允许的变动全量。形状公差有直线度、平面度、圆度、圆柱度、线轮廓度、面轮廓度共六项。公差中的直线度是控制实际直线相对理想直线变动量的一项技术指标,被测要素可以是刃口直线,圆柱面、圆锥面的素线、轴线等;平面度是控制实际平面相对理想平面变动量的一项技术指标;圆度是控制实际圆相对理想圆变动量的一项技术指标,圆度的被测要素可是圆柱面、圆锥横截面内的圆轮廓,也可以是球截面内的圆轮廓;圆柱度是控制实际圆柱面相对理想圆柱面变动量的一项技术指标;线轮廓度是控制实际轮廓线相对理想轮廓线变动量的一项技术指标,线轮廓度的被测要素是非圆形的轮廓线;面轮廓度是控制实际轮廓面相对理想轮廓面变动量的一项技术指标,面轮廓度的被测要素是非圆柱面的轮廓面。各项形状公差的公差带定义、标注解释与测量方法如表 4－3 所列。

表 4－3　形状公差带定义、标注解释和测量方法

几何特征	形状公差带定义	形状公差标注与解释	形状公差的测量方法举例
直线度	对于给定平面内的直线度,公差带是距离为公差值 t 的两平行直线所限定的区域 提取(实际)直线	被测要素是 ϕd 圆柱面轴截面内的任一条素线,合格零件的任意一条提取(实际)素线必须位于距离为给定公差值 $t=0.1$ mm 的两平行直线内 — 0.1	将平尺与被测素线相接触,并使两者的最大间隙为最小,此时平尺与素线间的最大间隙就为该条素线的直线度误差,按上述方法测量若干条素线,取其中最大值作为该零件素线的直线度误差 平尺
	任意方向的直线度公差带在公差值前加注 ϕ,公差带是直径为给定公差值 t 的圆柱面内的区域 提取导出轴线 ϕt	被测要素为 $\phi20$ 圆柱面的轴线,合格零件的 $\phi20$ 圆柱面提取中心线必须位于直径为给定公差 $t=0.2$ mm 的圆柱面内 — $\phi0.2$ $\phi20$	将零件安装在精密分度的顶尖上。被测零件旋转一周,测得同一横截面的半径差,同时绘制极坐标并求出该轮廓的圆心;测量若干个截面,连接各圆心得到零件实际轴线,通过数据处理求出轴线直线度误差 指示表　精密分度头　平板
平面度	公差带是距离为公差值 t 的两平行平面所限定的区域 提取(实际)表面	被测要素为上平面,合格的提取上表面必须位于相距为公差值 $t=0.2$ mm 的两平行平面之间 ▱ 0.2　50	将被测零件支承在平板上,调整上平面上最远的三点与平板等高,然后按一定的布点测量被测表面,取指示表最大与最小读数差作为该平面的平面度误差 指示表　平板

几何特征	形状公差带定义	形状公差标注与解释	形状公差的测量方法举例
圆度	公差带是间距为给定公差值 t 的两同心圆所限定的区域 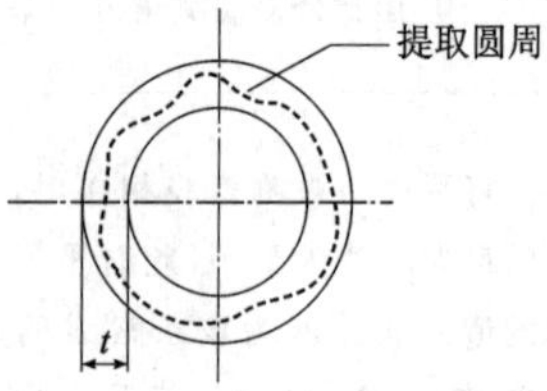 提取圆周 t	被测要素为垂直 $\phi 15$ mm 圆柱面轴线的任一横截面内的圆轮廓。合格零件的实际圆柱面上任意横截面内的提取圆周必须位于距离为给定公差值 $t=0.3$ mm 的两同心圆内 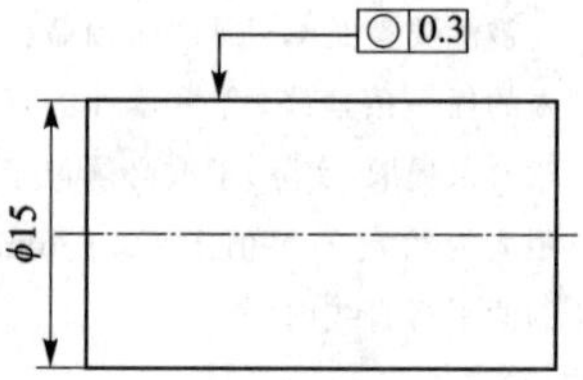 ○ 0.3 $\phi 15$	用两点法测量圆度误差方法是:被测零件放到两个固定支承上,绕着水平支承回转一周过程中,指示表读数的最大差值的一半为该截面的圆度误差,测量若干个截面取其最大值作为该零件的圆度误差。此方法适用于有偶数棱的形状误差,奇数棱时采用三点法测量 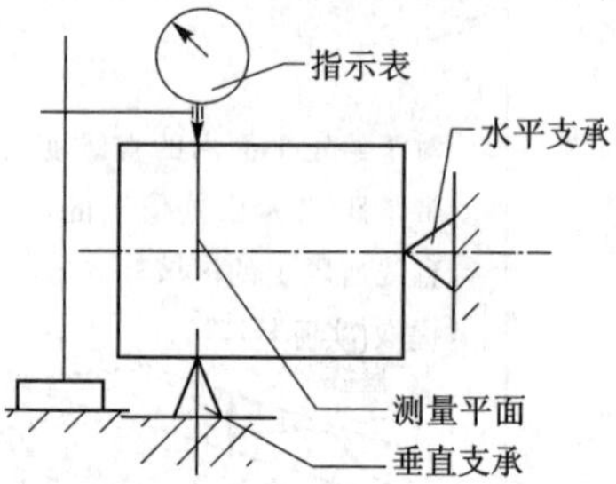 指示表 水平支承 测量平面 垂直支承
圆柱度	公差带是间距为给定公差值 t 的两同轴圆柱面所限定的区域 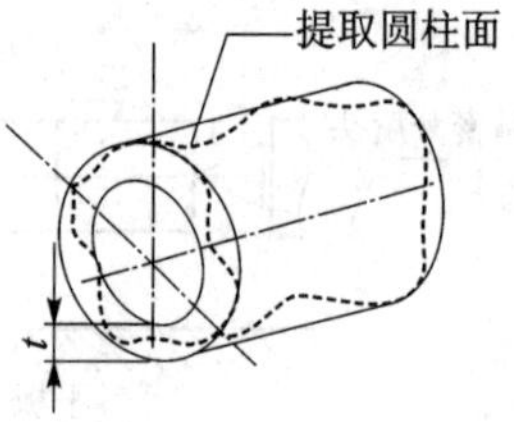 提取圆柱面 t	被测要素为直径 $\phi 20$ mm 圆柱面。合格零件的提取(实际)圆柱面必须位于半径差为给定公差值 $t=0.1$ mm 的两同轴圆柱面内 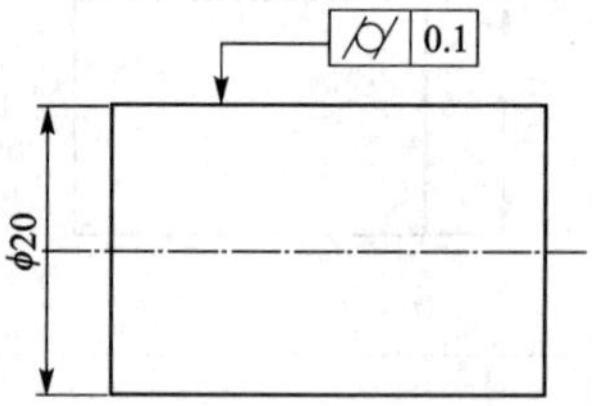 ⌭ 0.1 $\phi 20$	用两点法测量圆柱度误差时,将被测圆柱面放到平板上,并紧靠直角尺,在被测零件回转一周过程中,指示表读数的最大差值的一半为该截面内的圆柱度误差。测量若干截面,取最大值作为该零件的圆柱度误差,此法只测量有偶数棱圆柱度误差,对于奇数棱用三点法测量 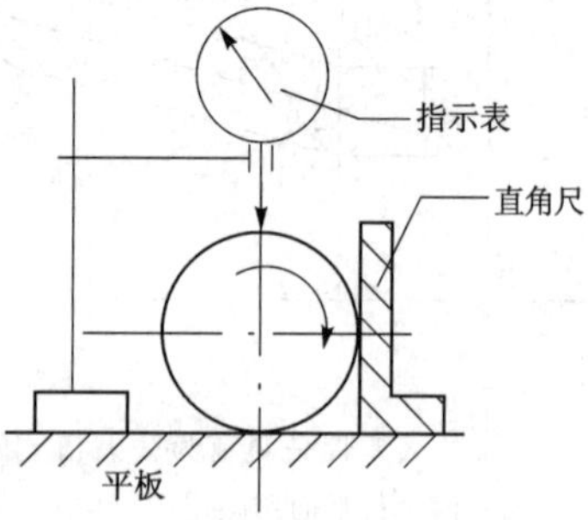 指示表 直角尺 平板

形状公差的特点:

① 形状公差控制的是直线、平面、圆轮廓、圆柱面等单一要素,在评定形状误差时提取要素与拟合要素之间的相互关系要求符合最小条件,最小包容区域的位置随提取要素的实际尺寸的变化而变化,所以形状公差带是浮动的。

② 平面是由直线所组成的,当给定一个平面的平面度公差要求后,不应再给出相同公差值的直线度要求。如对该平面内的直线有进一步的公差要求时,其直线度公差应小于平面度公差值;对于机床导轨这样的窄平面,规定直线度公差时比规定平面度公差便于测量。

③ 圆柱度公差带在任一横截面内的形状为两同心圆之间的区域,与圆度公差带相同。当对一个圆柱面规定了圆柱度公差时,不应再规定相同公差值的圆度公差,但可以提出较严格的圆度公差要求。圆柱度公差可同时控制圆柱面的圆度、轴线直线度、素线直线度误差,是一项综合的技术指标。在测量方法上圆度误差测量较圆柱度误差测量较为简单,当圆柱面的轴线直线度有较高的加工精度时,可用圆度代替圆柱度。

4.3 线轮廓度和面轮廓度公差与误差测量

线轮廓度与面轮廓度分为无基准与有基准两种情况,当无基准时是形状公差,有基准是方向公差或是位置公差。线轮廓度和面轮廓度公差用于控制实际曲线和实际曲面相对理想曲线和理想曲面的变动量。理想曲线和理想曲面可由理论正确尺寸确定,也可以由理论正确尺寸与基准共同确定。线轮廓度与面轮廓度公差带定义、标注解释及测量方法如表 4-4 所列。

表 4-4 线轮廓度与面轮廓度公差带定义、标注解释及测量方法

几何特征	线轮廓度和面轮廓度公差带定义	线轮廓度和面轮廓度公差标注与解释	线轮廓度和面轮廓度误差的测量方法举例
线轮廓度	无基准的线轮廓度公差: 公差带为直径等于公差值 t、圆心位于具有理论正确几何形状上的一系列圆的两包络线所限定的区域 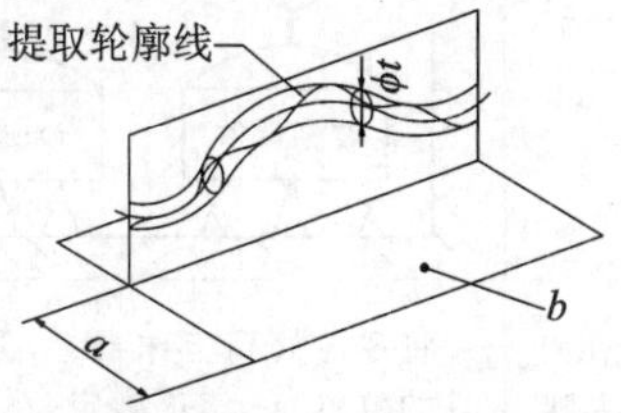 提取轮廓线 a——任一距离; b——垂直于视图投影面的平面	在平行于图示投影面的截面内,提取轮廓线应限定在直径等于 $t=0.2$ mm、圆心位于被测要素理论正确几何形状上的一系列圆的两包络线之间,被测要素理论正确几何形状由理论正确尺寸确定 	按较高的精度制作轮廓样板,按规定的方向放置在被测零件上,根据光隙法估读间隙的大小,取最大间隙作为该零件的线轮廓度误差

几何特征	线轮廓度和面轮廓度公差带定义	线轮廓度和面轮廓度公差标注与解释	线轮廓度和面轮廓度误差的测量方法举例
线轮廓度	相对于基准体系的线轮廓度公差： 公差带为直径等于公差值 t、圆心位于由基准平面 A 和基准平面 B 确定的被测要素理论正确几何形状上的一系列圆的两包络线所限定的区域 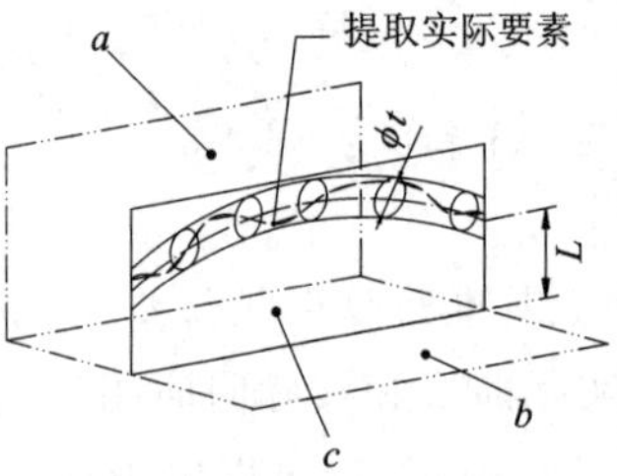 a——基准平面 A； b——基准平面 B； c——平行基准平面 A 的平面	在任一平行于图示投影平面的截面内，提取(实际的)轮廓线应限定在直径等于 0.04 mm，圆心位于由基准平面 A、基准平面 B 和理论正确尺寸确定的被测要素理论正确几何形状上的一系列圆的两等距包络线之间 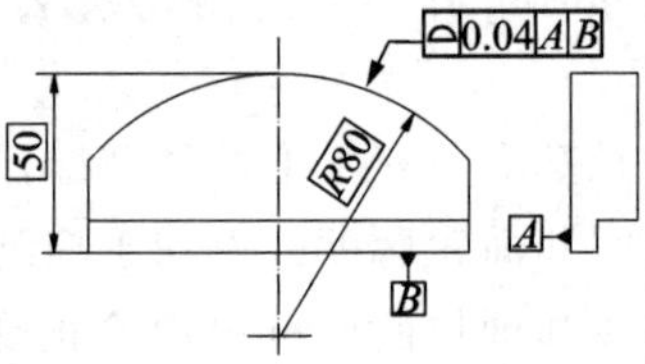 	将被测零件放置在仪器工作台上，并调节支承零件的固定支承和可调支承，使 A 基准平面与仪器的 XOZ 平面平行，B 基准平面与仪器 XOY 平面平行。在该截面上测出若干个点的坐标值，并将测得的坐标值与理论几何轮廓坐标值进行比较，取其中差值最大的绝对值的两倍作为该截面的线轮廓度误差。测量若干个截面，取其最大值作为该零件的线轮廓度误差 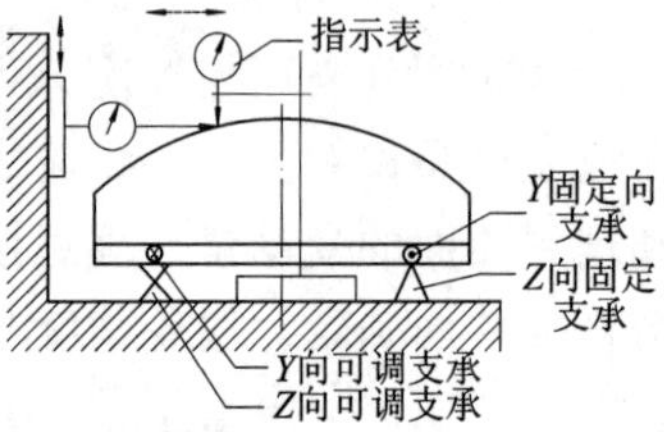
面轮廓度	无基准的面轮廓度公差： 公差带为直径等于公差值 t、球心位于理论正确几何形状上的两包络面所限定的区域 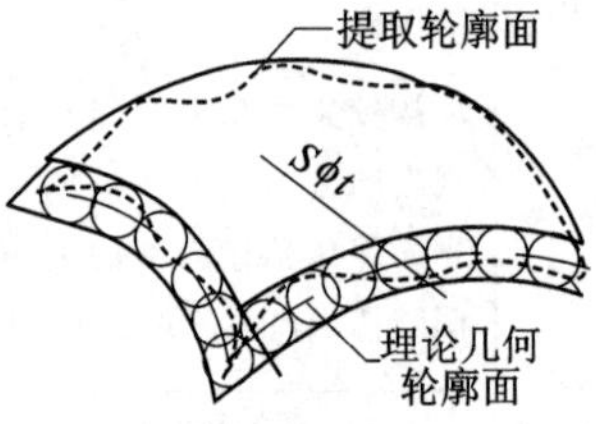 	提取(实际)轮廓面应限定在直径等于 0.03 mm，球心位于被测要素理论正确几何形状上的一系列圆球的两包络面之间，被测要素的理论正确几何形状由理论正确尺寸确定 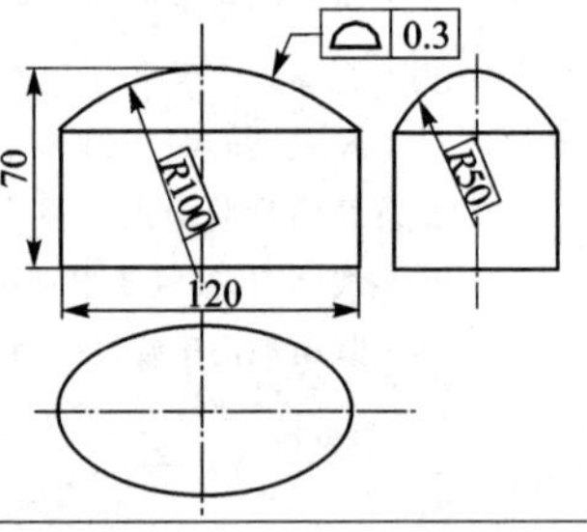 	按较高精度制作轮廓样板，在仿形测量装置上，调整被测零件相对仿形系统和轮廓样板的位置，再将指示表调零。仿形测头在轮廓样板上移动，由指示器读取数值，取其中的最大值的两倍作为该零件的面轮廓度误差 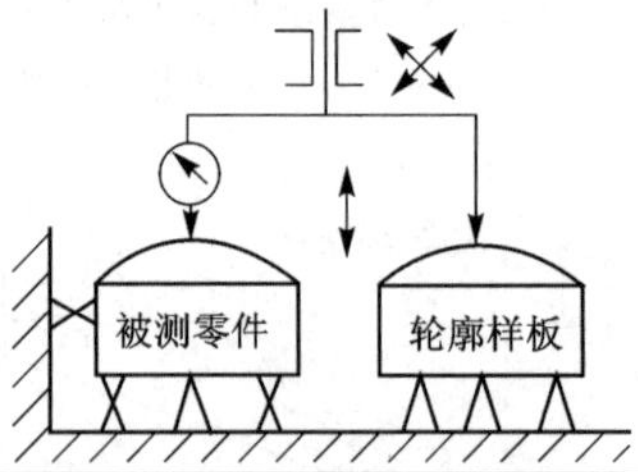
	相对于基准体系的面轮廓度公差： 公差带为直径等于公差值 t、球心位于由基准平面 A 确定的被测要素理论正确几何形状上的一系列圆球的两等距包络面所限定的区域 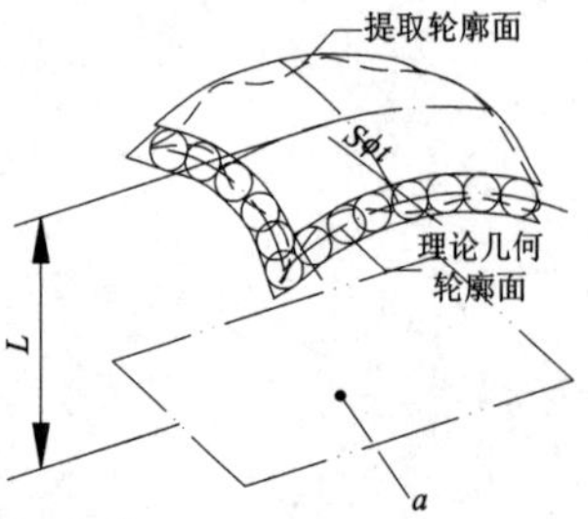 a——基准平面	提取(实际)轮廓面应限定在直径等于 0.04 mm，球心位于由基准平面 A 确定的被测要素理论正确几何形状上的一系列圆球的两等距包络面之间，被测要素的理论正确几何形状由理论正确尺寸和基准平面 A 确定 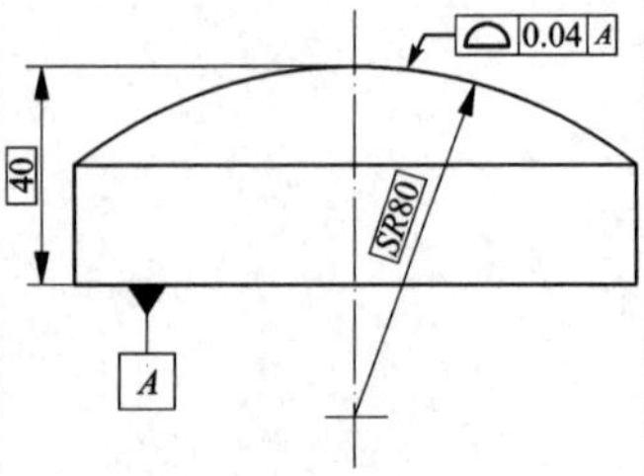 	将零件放到工作台上，并调节零件的位置，使其正确定位。移动仪器测头，测量零件被测轮廓面上各点坐标值并与理论几何坐标值进行比较，取其差值的最大值的两倍作为该表面的面轮廓度误差 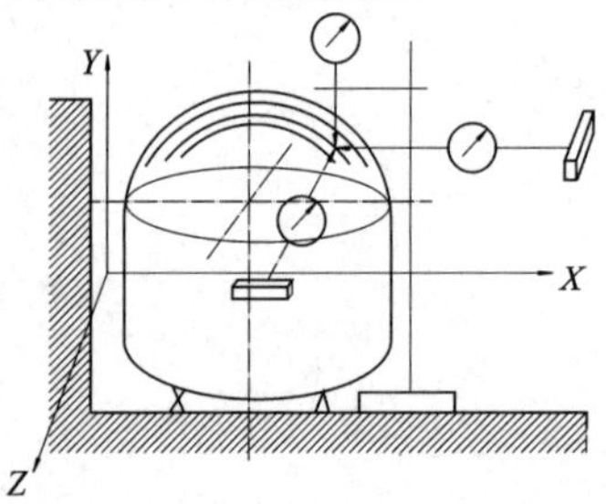

线轮廓度与面轮廓度的特点：

① 线轮廓度的被测要素是非圆周轮廓线,面轮廓度的被测要素为非圆柱曲面。

② 线轮廓度公差带中心是理论几何曲线,面轮廓度公差带中心是理论几何曲面,公差带相对理论几何曲线、理论几何曲面对称分布。

③ 线轮廓度与面轮廓度公差带位置由理论几何曲线、理论几何曲面控制,理论几何曲线、理论几何曲面由理论正确尺寸和基准确定,当只由理论正确尺寸确定时,公差带为浮动的;当由基准与理论正确尺寸共同确定时,公差带位置是固定的。

④ 考虑到测量的方便性和易于在加工中控制,可用线轮廓度代替面轮廓度。用线轮廓度代替面轮廓度时,在平行于投影面的方向给出若干个截面内的线轮廓度公差。当轮廓面在厚度方向无变化时,可只标注出一个截面内的线轮廓公差。

4.4　方向公差与方向误差测量

方向公差是指提取(实际)要素对具有确定方向的理想几何要素所允许的变动全量,用于控制被测要素对基准在方向上的变动。理想几何要素的方向由基准及理论正确尺寸确定。当被测要素与基准要素的理想方向是 0°时,几何公差特征项目是平行度;当被测要素与基准要素的理想方向是 90°时,几何公差特征项目是垂直度;当被测要素与基准要素的理想方向是 0°~90°时,几何公差特征项目是倾斜度。

被测要素与基准要素都可以是线或是面。所以具有面对面、面对线、线对面、线对线等被测要素与基准要素的组合。按被测要素被控制的方向数量来分,有一个方向、两个方向和任意方向,当对被测要素有任意方向的要求时,在几何公差值前加注 ϕ。各项方向公差的公差带定义、标注解释及测量方法如表 4-5 所列。

表 4-5　方向公差带定义、标注解释及测量方法

几何特征	方向公差带定义	方向公差标注与解释	方向误差的测量方法举例
平行度	面对基准面的平行度公差带为间距等于公差值 t,且平行于基准平面的两平行平面所限定的区域 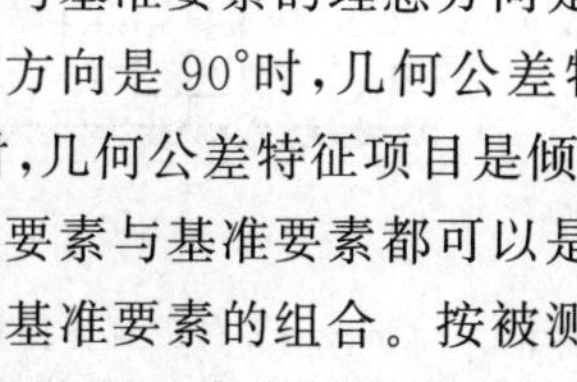 	被测要素是上平面,基准要素是下平面。合格零件提取(实际)上表面应限定在间距为公差值 $t=0.1$ mm且平行于基准平面 A 的两平行平面之间 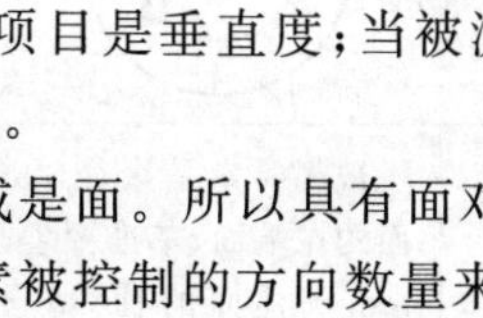 	将被测零件放到平板上,使基准表面与平板稳定接触,在整个表面按规定的测量线进行测量。取指示表最大与最小读数差作为该零件的平行度误差 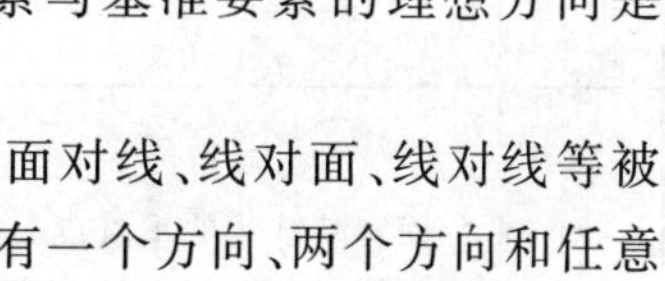

几何特征	方向公差带定义	方向公差标注与解释	方向误差的测量方法举例
平行度	线对基准线的平行度公差带为平行基准轴线、直径等于公差值 ϕt 的圆柱面所限定的区域 	被测要素是直径 $\phi 40$ mm 孔的轴线,基准要素是直径 $\phi 80$ mm 孔的轴线。任意方向上平行度要求在公差值前加注 ϕ,合格零件的提取(实际)$\phi 40$ mm 孔轴线限定在平行于基准轴线 A、直径等于 $\phi 0.2$ mm 的圆柱面内 	被测轴线与基准轴线由心轴模拟。将基准心轴放到两等高支承上,在测量距离为 L_2 的两个位置上测得的读数为 M_1、M_2。 平行度误差:$f=\dfrac{L_1}{L_2}|M_1-M_2|$ 在范围 $0°\sim180°$ 内按上述方法测量若干个不同角度位置,取各测量位置所对应的 f 值中最大值,作为该零件的平行度误差
垂直度	面对基准线的垂直度公差带为间距等于公差值 t 且垂直于基准轴线的两平行平面所限定的区域 	被测要素是直径 $\phi 50$ mm 圆柱面的左端面,基准要素是直径 $\phi 30$ mm 圆柱面的轴线,合格零件的 $\phi 50$ mm 圆柱左端面提取(实际)要素应限定在间距等于公差值 $t=0.3$ mm 的两平行平面之间,该平行平面垂直于基准轴线 A 	将被测零件放到导向块内(基准轴线由导向块模拟)然后测量整个被测表面,并记录读数,取最大读数差作为该零件垂直度误差
倾斜度	面对基准线的倾斜度公差带为间距等于公差值 t 的两平行平面所限定的区域。该两平行平面按给定角度倾斜于基准轴线 	被测要素是与轴线成 $60°$ 角的斜面,基准要素是直径 $\phi 35$ mm 圆柱面的轴线,合格零件的提取(实际)$60°$ 倾斜面应限定在间距等于公差值 $t=0.15$ mm 的两平行平面之间。该平行平面按理论正确角度 $60°$ 倾斜于基准轴线 A 	将被测零件放到导向块内(基准轴线由导向块模拟)然后测量整个被测表面,并记录读数,取最大读数差作为该零件倾斜度误差

方向公差的特点：

① 方向公差带与基准之间有确定的方向：平行、垂直或是给定的理论正确角度。

② 在评定时要求提取（实际）要素限定在方向公差带内，则该被测要素的形状误差不会超过方向误差值；所以方向公差具有控制该被测要素形状误差的功能，只有对被测要素的形状公差要求高于方向公差要求时才标注被测要素的形状公差值。

③ 方向公差带在保证与基准成理论正确角度的前提下，允许公差带在尺寸公差带内变动，所以方向公差带为浮动公差带。

4.5　位置公差与位置误差测量

位置公差是指提取（实际）要素对具有确定位置的理想几何要素所允许的变动全量，理想几何要素的位置由基准及理论正确尺寸确定。当被测要素与基准要素的理想位置是同轴时，几何公差特征项目是同轴度；当被测要素与基准要素的理想位置是同心时，几何公差特征项目是同心度；当被测要素与基准要素的理想位置是对称时，几何公差特征项目是对称度；当被测要素与基准要素的理想位置是确定位置时，几何公差特征项目是位置度。位置公差带定义、标注解释及测量方法如表 4-6 所列。

表 4-6　位置公差带定义、标注解释及测量方法

几何特征	位置公差带定义	位置公差标注与解释	位置误差的测量方法举例
同心度	公差值前标注符号 ϕ，公差带为直径等于公差值 ϕt 的圆周所限定的区域。该圆周的圆心与基准点重合 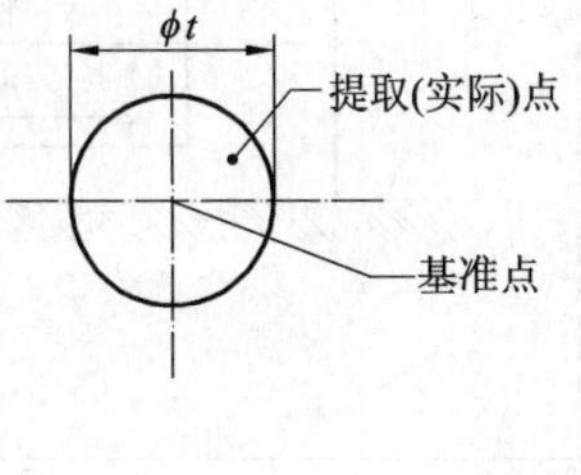 	被测要素是 $\phi 45$ 圆心，基冷是 $\phi 60$ 圆心，在任意横截面内，内圆的提取（实际）中心应限定在直径等于 $\phi 0.15$ mm，以基准点 A 为圆心的圆周内 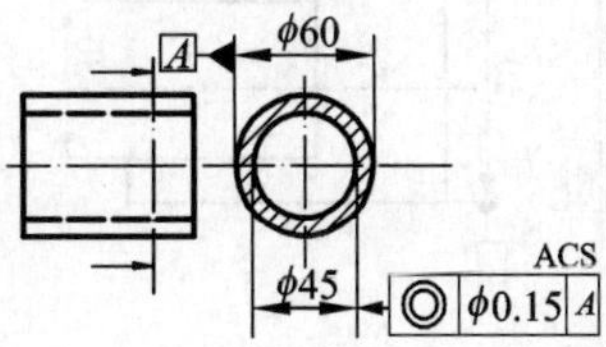 	将被测零件放到测量装置的工作台上，并使零件的端面与 $x-y$ 坐标平面平行。 沿 x 轴方向分别测取基准和实际被测要素的坐标值，并计算得出轮廓要素中心坐标值 x_1 和 x_2。 再按相同方法沿 y 轴方向测量，并计算出轮廓要素中心坐标值 y_1 和 y_2。 同心度误差： $$f=\sqrt{(x_1-x_2)^2+(y_1-y_2)^2}$$ 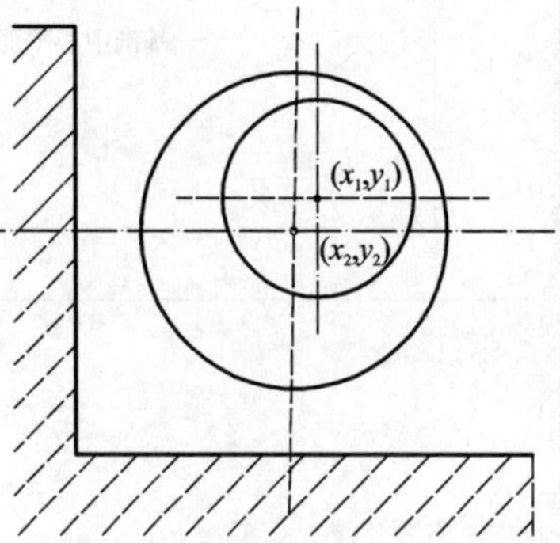

几何特征	位置公差带定义	位置公差标注与解释	位置误差的测量方法举例
同轴度	公差值前面加注符号 ϕ,公差带为直径等于公差值 t 的圆柱面所限定的区域,该圆柱面轴线与基准轴线重合 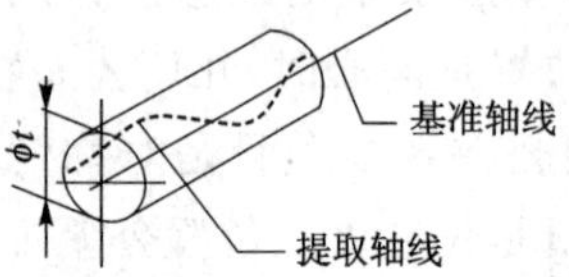 	被测要素是直径 $\phi 50$ mm 圆柱面提取中心线,基准要素是直径 $\phi 30$ mm 圆柱面提取中心线。合格零件的提取(实际)$\phi 50$ mm 中心线必须应限定在直径等于 $\phi 0.25$ mm 以基准轴线 A 为轴线的圆柱面内 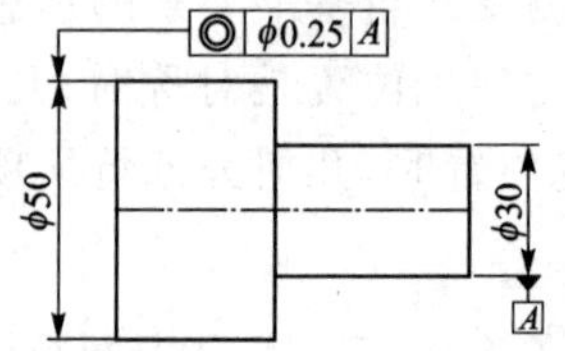 	在圆度仪上调整被测零件,使其基准轴线与仪器的回转轴线同轴。在被测要素和基准要素上测量若干个截面并记录轮廓图形,根据测得图形求出同轴度误差 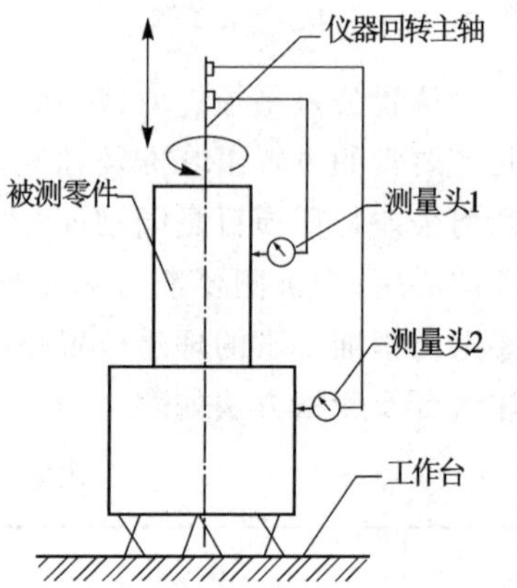
对称度	公差带为间距等于公差值 t,对称于基准中心平面的两平行平面所限定的区域 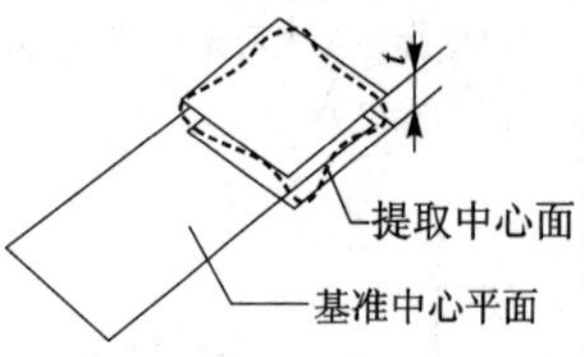 	被测要素是 30 mm 槽的提取中心面,基准为 50 mm 长方体的提取中心面,合格零件的提取(实际)30 mm 槽中心面应限定在间距 $t = 0.25$ mm,对称于基准中心平面 A 的两平行平面之间 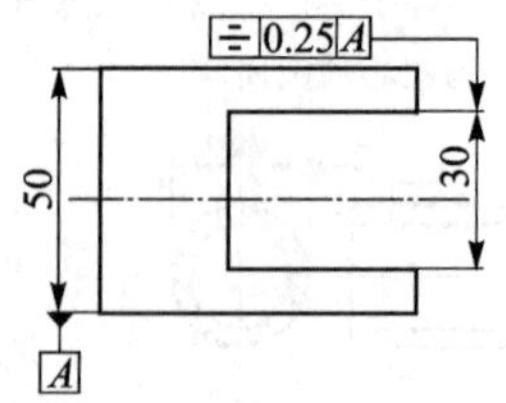 	将被测件放在平板上,测量被测表面 K 面与平板之间的距离;工件翻转后测量 M 面与平板之间的距离。取同一测量截面内 K、M 面上对应两测点的最大差值作为对称度误差 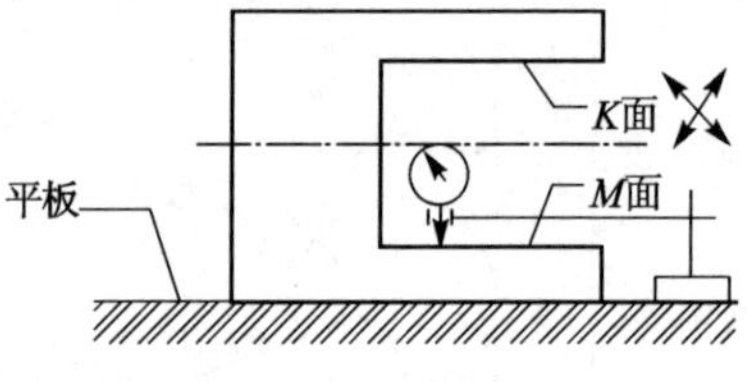

几何特征	位置公差带定义	位置公差标注与解释	位置误差的测量方法举例
位置度	线的位置度公差值前面加注符号 ϕ，公差带为直径等于公差值 ϕt 的圆柱面所限定的区域。该圆柱面的轴线的位置由基准平面 A、B、C 和理论正确尺寸确定 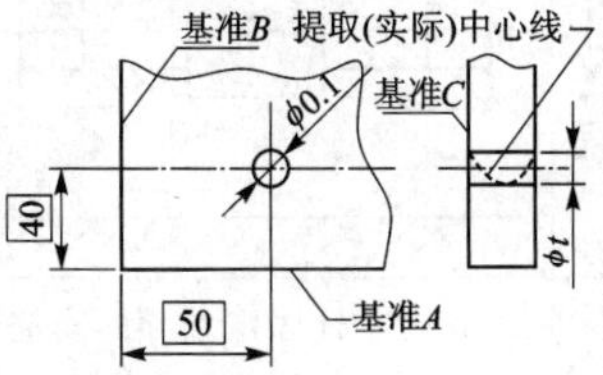	被测要素是 $\phi 10$ mm 孔的中心线，第一基准是 A 平面，第二基准是 B 平面，第三基准是 C 平面。合格的零件孔中心线应限定在直径等于 $\phi 0.1$ mm 的圆柱面内，该圆柱面的轴线的位置应处于由基准平面 A、B、C 和理论正确尺寸 50，40 确定的理论正确位置上 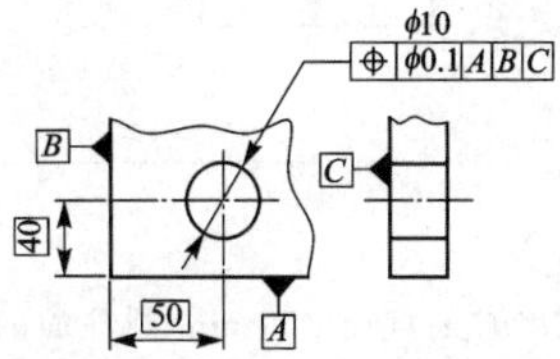	在三坐标测量机上测量 $\phi 10$ mm 孔圆周坐标，测得 x_1、x_2、y_1、y_2 按下式计算孔圆心坐标： $$x = (x_1 + x_1)/2$$ $$y = (y_1 + y_1)/2$$ 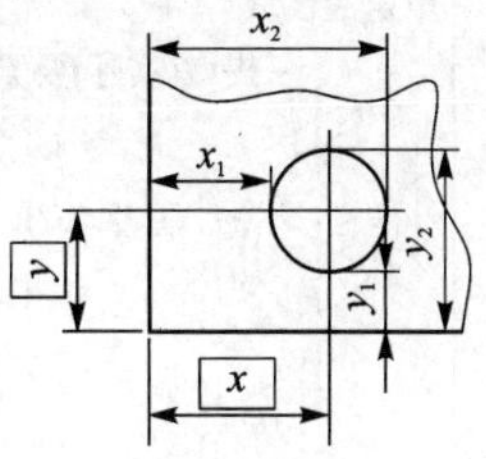 $$f_x = x - \boxed{x}$$ $$f_y = y - \boxed{y}$$ $$f = 2 \times \sqrt{f_x^2 + f_y^2}$$ 将零件翻转在背面按上述方法重复测量，取两者最大值作为零件的位置度误差

位置公差带的特点：

① 同心度的被测要素和基准要素是点；同轴度的被测要素与基准要素都为轴线；对称度的被测要素和基准要素可以是面，也可以是线；位置度的被测要可以是圆心、轴线、直线、平面等。

② 位置公差带相对基准有确定的位置，合格的提取(实际)要素应位于位置公差带内，所以位置公差带有控制提取(实际)要素形状误差、方向误差的功能。在满足使用要求的前提下，对被测要素给出位置公差后，对该被测要素不再给出形状公差与方向公差，如有进一步的要求时，形状公差要小于方向公差、方向公差小于位置公差值。

③ 位置公差带的位置是固定的，被测要素的理论正确位置由基准与理论正确尺寸确定。

④ 位置公差带不能控制该导出要素所对应的组成要素的形状误差，如同轴度可控制轴线的直线度，不能控制形成轴线的圆柱面的圆度、圆柱度、素线直线度误差。

4.6　跳动公差与跳动误差测量

跳动公差是被测要素绕着基准轴线回转一周或连续回转时的允许最大跳动量，跳动公差是依据测量方法定义的公差项目。跳动公差测量方法简便，能综合反映出若干项几何误差的综合结果。跳动公差适用于回转表面或有轴线的端面。跳动公差带的定义、标注解释及测量方法如表 4 - 7 所列。

表 4-7　跳动公差带定义、标注解释及测量方法

几何特征	跳动公差带定义	跳动公差标注与解释	跳动的测量方法举例
径向圆跳动	公差带为在任一垂直于基准轴线的横截面内、半径差等于公差值 t、圆心在基准轴线上的两同心圆所限定的区域 	被测要素是直径 $\phi50$ mm 的圆柱面,基准要素是两个直径 $\phi30$ mm 圆柱面所形成的公共轴线。在任一垂直基准 $A-B$ 的横截面内,提取(实际)圆应限定在半径差等于公差值 0.2 mm,圆心在基准轴线上的两同心圆之间 	被测零件支承在两同轴的导向套筒内,并在轴向定位。 ① 在被测零件回转一周过程中指示表读数最大差值,即为单个测量平面上的径向跳动。 ② 按上述方法在若干个截面上测量,取各截面上测得的跳动量中的最大值,作为该零件的径向跳动
轴向圆跳动	公差带为与基准轴线同轴的任一半径的圆柱截面上,间距等于公差值 t 的两圆所限定的圆柱面区域 	被测要素是直径 $\phi50$ mm 圆柱面的右端面,基准要素是直径 $\phi35$ mm 圆柱面的轴线。在与基准轴线 A 同轴的任一圆柱截面上,提取(实际)圆应限定在轴向距离等于 0.2 mm 的两个等圆之间 	被测零件固定在导向套筒内,并在轴向定位。 ① 在被测零件回转一周过程中指示表读数最大差值,即为单个测量圆柱面上的端面跳动。 ② 按上述方法在若干个测量圆柱面上测量,取各测量圆柱面上测得的跳动量中的最大值,作为该零件的端面跳动
径向全跳动	公差带为半径差等于公差值 t、与基准轴线同轴的两圆柱面所限定的区域 	被测要素是直径 $\phi50$ mm 的圆柱面,基准要素是两个直径 $\phi30$ mm 圆柱面所形成的公共轴线。提取(实际)表面应限定在半径差等于 0.2 mm,与公共基准轴线 $A-B$ 同轴的两圆柱面之间 	被测零件支承在两同轴导向套筒内,同时在轴向固定并调整该对套筒,使其同轴并与平板平行。 在被测零件连续回转过程中,指示器沿基准轴线方向作直线运动。 在整个测量过程中指示表读数的最大差值即为该零件的径向全跳动

几何特征	跳动公差带定义	跳动公差标注与解释	跳动的测量方法举例
轴向全跳动	公差带是间距等于公差值 t,垂直于基准轴线的两平行平面所限定的区域 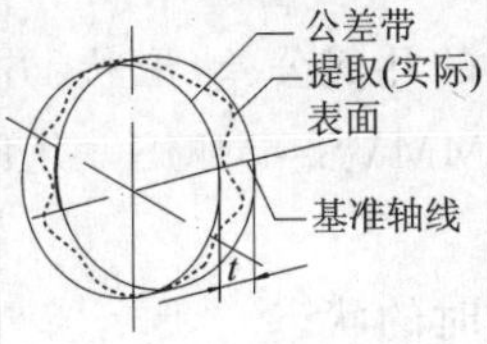 公差带 提取(实际)表面 基准轴线	被测要素是直径 $\phi50$ mm 圆柱面的左端面,基准要素是直径 $\phi30$ mm 圆柱面的轴线。提取(实际)表面应限定在间距等于 0.15 mm,垂直于基准轴线 A 的两平行平面之间 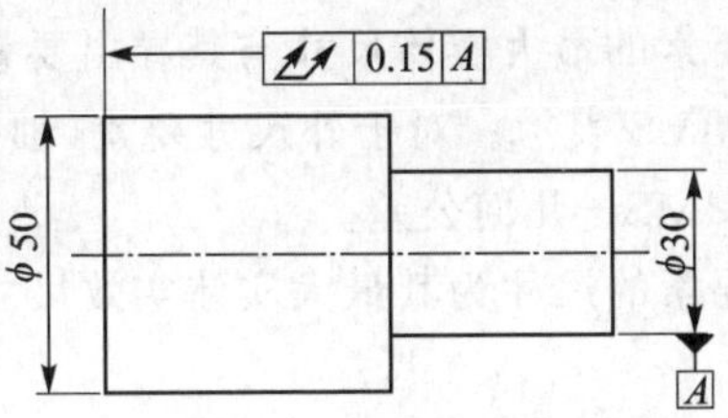 	被测零件支承在导向套筒内,并在轴向上固定,导向套轴线应与平板平行。 在被测零件连续回转过程中,指示表沿径向作直线运动。 在整个测量过程中指示表计数的最大差值即为该零件的径向全跳动 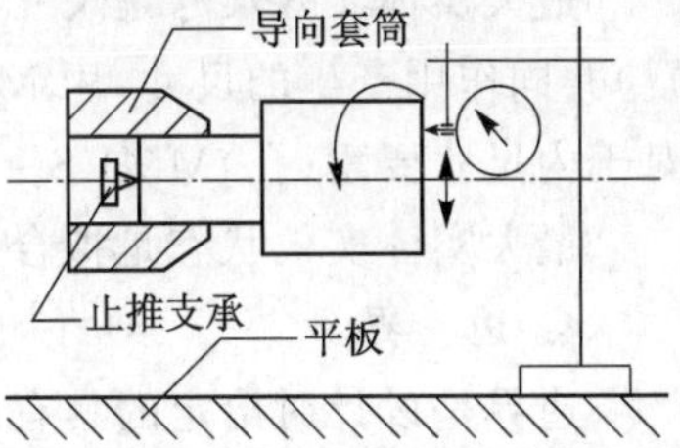 导向套筒 止推支承　平板

跳动公差的特点:

① 跳动公差用于控制被测要素围绕一轴线旋转时的误差,所以跳动公差的基准是轴线;被测要素可以是平面、圆柱面、圆锥面等。

② 在测量圆跳动时,工件绕基准轴线旋转,而测量仪器位置固定不变;测量全跳动时工件在绕基准轴线旋转的同时测量仪器沿着平行基准轴线(径向全跳动)或垂直于基准轴线(端面全跳动)移动;测量时测量仪器的测头在径向圆跳动、径向全跳动测量时垂直于基准轴线,在端面圆跳动、端面全跳动测量时平行于基准轴线。

③ 跳动公差带的位置具有固定和浮动的双重特点。一方面公差带的中心始终与基准轴线同轴,另一方面公差带的半径大小、位置又随着提取(实际)要素尺寸大小的变动而变动,但公差带的宽度是固定的。

④ 跳动公差具有控制被测要素的形状、方向和位置误差的综合作用。径向圆跳动能控制圆柱面的同轴度误差、圆度误差、轴线直线度误差;径向全跳动能控制圆柱面的同轴度误差、圆柱度误差、轴线直线度误差等;端面圆跳动能控制端面的平面度误差;端面全跳动能控制端面相对轴线的垂直度误差、平面度误差。

4.7　公差原则

图样上标注的尺寸公差与几何公差都是控制几何要素的,所以两者之间存在着一定的相互功能关系,处理尺寸公差与几何公差之间关系的准则称为公差原则。

4.7.1　有关公差原则的基本概念

1. 最大实体状态与最大实体尺寸

最大实体状态是假定提取组成要素处处位于极限尺寸并其具有实体最大时的状态。最大实体状态用 MMC 表示。最大实体状态是孔的提取圆柱面的局部尺寸等于下极限尺寸,轴等于上极限尺寸时零件的体积状态。最大实体状态下的孔、轴尺寸为最大实体尺寸,用 MMS 表示。孔 MMS$=D_{\min}$,轴 MMS$=d_{\max}$。

2. 最小实体状态与最小实体尺寸

最小实体状态是假定提取组成要素处处位于极限尺寸并其具有实体最小时的状态。最小实体状态用 LMC 表示。最小实体状态是孔的提取圆柱面的局部尺寸等于上极限尺寸,轴等于下极限尺寸时零件的体积状态。最小实体状态下的孔、轴尺寸为最小实体尺寸,用 LMS 表示。孔 LMS$=D_{\max}$,轴 LMS$=d_{\min}$。

3. 最大实体实效状态与最大实体实效尺寸

最大实体实效尺寸是尺寸要素的最大实体尺寸与其导出要素的几何公差(形状、方向或位置)共同作用产生的尺寸,用 MMVS 表示。对于外尺寸要素(轴)MMVS$=$MMS$+$几何公差,对于内尺寸要素(孔)MMVS$=$MMS$-$几何公差。

最大实体实效状态是拟合要素的尺寸为其最大实体实效尺寸时的状态。

4. 边　界

边界是设计时给定的具有理想形状的极限包容面。

边界一是设计时给定的,具有被测要素的理论几何形状,被测要素为孔时,边界为理想轴;被测要素为轴的,边界为理想孔。二是极限边界,也就是说对于一个提取(组成)要素是不允许超过这个边界的。三是当边界尺寸为最大实体尺寸时,其边界为最大实体边界;当边界尺寸为最大实体实效尺寸时,其边界为最大实体实效边界。四是对于几何公差为方向公差时,最大实体实效边界受到基准在方向上的约束,即与基准平行、垂直或倾斜一定的角度等;当几何公差为位置公差时,最大实体实效边界受到基准在位置上的约束,即与基准保持同轴、对称或是确定位置等。

4.7.2　独立原则与相关要求

1. 独立原则

图样上给定的几何公差与尺寸公差相互无关,分别满足要求的公差原则。标注时在尺寸公差和几何公差框格中都不标注任何特殊符号。独立原则是处理尺寸公差与几何公差关系的基本原则。

被测要素要求遵守独立原则时,测量时分别测量尺寸误差值与几何误差值,两者都合格时该零件才能合格,即

① $D_{\min} \leqslant D_{a} \leqslant D_{\max}$,或 $d_{\min} \leqslant d_{a} \leqslant d_{\max}$;

② $t_{几何误差} \leqslant t_{几何公差}$。

图 4-12 所示标注的小轴,实际组成要素要满足尺寸公差要求,任何一个提取组成要素的局部尺寸都要在 $\phi20 \sim \phi19.98$ mm 之间,且轴线的直线度误差$\leqslant 0.01$ mm 的零件才是合格的。

2. 相关要求

图样上标注出的几何公差与该要素的尺寸公差相互有关的要求。相关要求有:包容要求、最大实体要求、最小实体要求与可逆要求。

1) 包容要求

包容要求是尺寸要素的非理想要素不得违反其最大实体边界的一种尺寸要素要求。即提取组成要素不得超越其最大实体边界,其局部尺寸不允许超出最小实体尺寸。当要求尺寸要

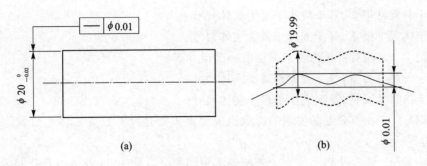

图 4-12　独立原则

素遵守包容要求时在尺寸极限偏差或公差带代号后面加注符号Ⓔ。

图 4-13 所示是包容要求用于尺寸要素时的标注示例与解释。图 4-13(a)所示零件合格要满足下列要求：

第一，提取圆柱面的直径要位于极限尺寸之间，即在 $\phi20 \sim \phi19.98$ mm 之间。

第二，提取圆柱面不得超越其最大实体边界，最大实体边界为 $\phi20$ mm 的理想孔。

当提取圆柱面处于最大实体状态 $\phi20$ mm 时，$\phi20$ 提取圆柱面的形状误差为 0 mm；当提取圆柱面偏离了最大实体状态时，提取圆柱面可以产生几何误差（圆度、圆柱度、轴线的直线度、素线的直线度、素线平行度误差等）；当提取圆柱面为最小实体状态时，提取圆柱面允许产生的几何误差达到最大值 $t = 0.02$ mm，即提取圆柱面的形状误差在 $0 \sim 0.02$ mm 区间变动。当提取圆柱面的局部直径为 $\phi19.99$ mm 时，允许产生的轴线直线度误差值可为 $\phi0.01$ mm，如图 4-13(b)所示。

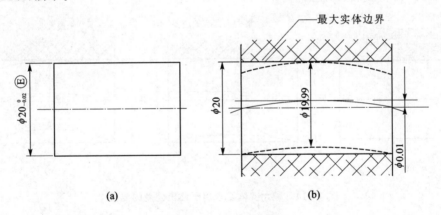

图 4-13　包容要求

2）最大实体要求

尺寸要素的非理想要素不得违反其最大实体实效状态的一种尺寸要素要求，即尺寸要素的非理想要素不得超越其最大实体实效边界的一种尺寸要素要求。最大实体要求可用于被测要素，也可用于基准要素。最大实体要求用于被测要素时，在其导出要素的几何公差值后面加注Ⓜ，用于基准要素时在几何公差框格中的基准字母后面加注Ⓜ。

（1）最大实体要求应用于注有公差的要素

最大实体要求应用于注有公差的要素时，对尺寸要素的表面规定了以下规则：

① 规则 A——注有公差的要素的提取局部尺寸要：

- 对于外尺寸要素,等于或小于最大实体尺寸;
- 对于内尺寸要素,等于或大于最大实体尺寸。

② 规则 B——注有公差的要素的提取局部尺寸要:

- 对于外尺寸要素,等于或大于最小实体尺寸;
- 对于内尺寸要素,等于或小于最小实体尺寸。

③ 规则 C——注有公差的要素的提取组成要素不得违反其最大实体实效状态或其最大实体实效边界。

④ 规则 D——当一个以上注有公差的要素用同一公差标注,或者是注有公差的要素的导出要素标注方向或位置公差时,其最大实体实效状态或最大实体实效边界要与各自基准的理论正确方向或位置相一致。

图 4-14(a)所示是最大实体要求用于注出公差的要素的标注。小轴的尺寸标注为:$\phi 20_{-0.2}^{\ 0}$,其轴线的直线度公差值是 $\phi 0.1 \text{Ⓜ}$。在几何公差后面加注了 Ⓜ,则表示被测要素要求遵守最大实体实效边界,其几何公差值是提取组成要素处于最大实体状态时给定的。该标注要求:

第一,小轴为外尺寸要素,小轴的 MMVS=被测要素的最大实体尺寸+给定轴线的直线度公差值=20 mm+0.1 mm=20.1 mm,即小轴的最大实体实效边界为直径 ϕ20.1 mm 的理想孔。

第二,依据规则 A 和 B,小轴的提取圆柱面的直径应在 ϕ19.80~ϕ20 mm 之间。

第三,依据规则 C,提取圆柱面不允许超出最大实体实效边界,即提取圆柱面应处处位于直径为 ϕ20.1 mm 的理想圆柱面内。

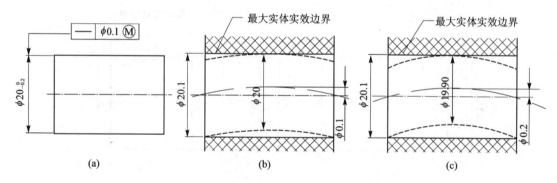

图 4-14 最大实体要求用于注出公差的要素

当提取组成要素做到最大实体尺寸为 ϕ20 mm 时,其轴线直线度误差最大值为 ϕ0.10 mm,如图 4-14(b)所示;当提取组成要素为 ϕ19.90 mm 时,轴线的直线度误差可达到 ϕ0.20 mm,得到补偿值为 0.1 mm,如图 4-14(c)所示;当提取组成要素为最小实体尺寸 ϕ19.80 mm 时,轴线的直线度误差可达到最大值 ϕ0.30mm,得到的补偿值为 0.2 mm,也就是导出要素的几何误差补偿值最大等于注出公差的要素的尺寸公差值。

图 4-15(a)在垂直度公差值后面加注 Ⓜ,表示导出要素 ϕ20 mm 孔轴线垂直度公差与组成要素 ϕ20 mm 圆柱面采用最大实体要求。图样上给出的公差值 t=0.1 mm 是组成要素 ϕ20 mm 圆柱面处于最大实体状态时给定的,该孔的提取圆柱面应满足下列要求:

第一,孔为内尺寸,孔的最大实体实效边界尺寸为:MMVS=20 mm-0.1 mm=

19.90 mm。即最大实体实效边界是直径为 ϕ19.90 mm,且为轴线垂直于基准 A 的理想轴,如图 4 - 15(b)所示。

　　第二,依据规则 A 和 B,孔的提取圆柱面的局部直径应在 ϕ20~ϕ20.20 mm 之间。

　　第三,依据规则 C,孔的提取圆柱面不得超越最大实体实效边界,即孔的提取圆柱面应处处位于直径为 ϕ19.90 mm 理想圆柱面之外。

　　第四,依据规则 D,注出公差的要素的导出要素的几何公差为垂直度,则最大实体实效边界与基准保证垂直的几何关系。

　　第五,当被测要素 ϕ20 mm 圆柱面偏离了最大实体状态时,组成要素所对应的导出要素 ϕ20 mm 圆柱面轴线垂直度误差可到一个补偿值,并且随着提取圆柱面偏离最大实体状态的程度增大而增大。

　　第六,当孔处于最小实体状态时,其轴线对基准的垂直度误差可达到最大允许值,为 ϕ0.3 mm,即等于图样上给出的垂直度公差与尺寸公差之和,如图 4 - 15(c)所示。

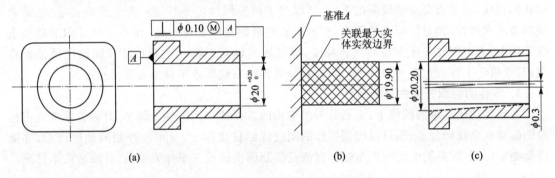

图 4 - 15　最大实体要求用于关联要素

（2）最大实体要求用于基准要素

① 规则 E——基准要素的提取组成要素不得违反基准要素的最大实体实效状态或最大实体实效边界。

② 规则 F——当基准要素的导出要素没有标注几何公差要求,或者注有几何公差但其后没有符号Ⓜ时,基准要素的最大实体实效尺寸为最大实体尺寸。

③ 规则 G——当基准要素的导出要素注有形状公差,且其后有符号Ⓜ时,基准要素的最大实体实效尺寸为最大实体尺寸加上(对外部要素)或减去(对内部要素)该形状公差值。

4.8　几何公差选择

　　正确地选用几何公差项目,合理地确定几何公差数值,对提高产品的质量和降低制造成本,具有重要意义。几何公差的选择包括:几何公差项目的选择、基准的选择、公差等级的选择、公差原则的选择等。

4.8.1　几何公差项目的选择

　　几何公差是控制零件上几何要素的,所以几何公差项目选择的基本依据是要素的几何特征、零件的结构特点和功能要求。在保证零件使用要求的前提下,尽量减少图样上标注的几何

公差项目,多采用具有综合控制作用和测量简便的公差项目。一般几何公差的选择应从以下几个方面考虑:

1. 零件的几何特征

零件的几何特征不同,在加工时出现的误差种类也就不同。如圆柱形零件会出现圆度、圆柱度、轴线直线度等误差;平面零件会出现直线度、平面度误差;阶梯轴、孔会产生同轴度误差;薄圆环形零件会出现同心度误差;凸轮类零件会出现轮廓度误差等。所以对于圆柱面应选择圆度与圆柱度,对平面应选择直线度与平面度,对阶梯轴和孔应选择同轴度等来控制相应的误差。

2. 零件的功能要求

零件上几何要素之间有明确的功能要求,如平行、对称、垂直、确定位置等,选择几何公差项目时要以要素之间的功能要求为依据。如两同轴的圆柱面其功能要求是同轴,所以应提出同轴度、径向圆跳动、径向全跳动公差项目,而不应规定位置度,平行度公差项目;如连杆大小端孔的轴线,其功能要求轴线间的平行,所以对于两轴线规定平行度。对于组成要素,要结合使用要求来选择,如对印刷机的印滚,影响印刷质量的是圆柱度误差,而不应规定印滚轴线直线度误差;为了保证车床主轴的回转精度,应规定主轴前后轴颈的圆柱度及同轴度的公差要求;若使机床工作台运动平稳、准确,需要对导轨提出直线度或平面公差度要求等。

3. 零件的检测方便性与经济性

在满足功能要求的前提下,应充分考虑检测的方便性和经济性。例如,对轴类零件规定径向圆跳动或全跳动公差,既可以控制零件的圆度或圆柱度误差,又可以控制同轴度误差,并能降低测量费用,较高精度的圆度与圆柱度测量需要圆度仪或三坐标测量机,其测量成本较高。

4.8.2 基准的选择

选择基准时,一般应从下列几方面考虑:

① 根据几何要素的功能及几何要素间的几何关系来选择基准。如轴类零件,通常其运转轴线是安装轴承的两轴颈公共轴线。因此,应选这两个轴颈的公共轴线为基准,能保证轴系零件旋转精度和便于控制其他要素的位置精度。

② 根据装配关系选择基准。应选择零件相互配合、相互接触的表面作为各自的基准,以保证装配的要求。

③ 从加工、检验的角度考虑,应选择在夹具、检测工(量)具中定位的相应要素为基准。这样能使所选基准与定位基准、检测基准、装配基准重合,以消除由于基准不重合引起的误差。

④ 从零件的结构考虑,应选较大的表面、较长的要素(如轴线)作基准,以便定位稳固、准确。对结构复杂的零件,一般应选三个基准,建立三基面体系,以准确确定被测要素在空间的方向和位置。

⑤ 通常方向公差项目,只要单一基准。位置公差项目中的同轴度、对称度、其基准可以是单一基准,也可以是公共基准;对于位置度则采用三基面体系较为常见。

4.8.3 几何公差等级的选择

GB/T 1184—1996 中给出了直线度、平面度、圆度、圆柱度、平行度、垂直度、倾斜度、对称度、同轴度、圆跳动、全跳动的公差值,如表 4-8～表 4-12 所列。给出的公差值分为 12 个精度等级(圆度与圆柱度为 13 级),其中 1 级最高,12 级最低。直线度、平面度、平行度、垂直度、倾斜度的 6 级为基本级,圆度、圆柱度、对称度、同轴度、圆跳动、全跳动的公差等级的 7 级为基本级。基本级就是制定公差表时所依据的等级,其他等级的公差值是按一定的比例计算出来的,这个公差等级也是在生产企业中使用通常的工艺设备、中等技术等级的工人进行加工所能达到的公差等级。

表 4 - 8　直线度、平面度公差值

主参数 L/mm	公差等级											
	1	2	3	4	5	6	7	8	9	10	11	12
	公差值/μm											
≤10	0.2	0.4	0.8	1.2	2	3	5	8	12	20	30	60
>10~16	0.25	0.5	1	1.5	2.5	4	6	10	15	25	40	80
>16~25	0.3	0.6	1.2	2	3	5	8	12	20	30	50	100
>25~40	0.4	0.8	1.5	2.5	4	6	10	15	25	40	60	120
>40~63	0.5	1	2	3	5	8	12	20	30	50	80	150
>63~100	0.6	1.2	2.5	4	6	10	15	25	40	60	100	200
>100~160	0.8	1.5	3	5	8	12	20	30	50	80	120	250

注:主参数为直线的长度、平面长边的长度。

表 4 - 9　圆度、圆柱度公差值

主参数 d(D)/mm	公差等级												
	0	1	2	3	4	5	6	7	8	9	10	11	12
	公差值/μm												
>6~10	0.12	0.25	0.4	0.6	1	1.5	2.5	4	6	9	15	22	36
>10~18	0.15	0.25	0.5	0.8	1.2	2	3	5	8	11	18	27	43
>18~30	0.2	0.3	0.6	1	1.5	2.5	4	6	9	13	21	33	52
>30~50	0.25	0.4	0.6	1	1.5	2.5	4	7	11	16	25	39	62
>50~80	0.3	0.5	0.8	1.2	2	3	5	8	13	19	30	46	74
>80~120	0.4	0.6	1	1.5	2.5	4	6	10	15	22	35	54	87

注:主参数系轴(孔)的直径。

表 4 - 10　平行度、垂直度、倾斜度公差值

主参数 L、d(D)/mm	公差等级											
	1	2	3	4	5	6	7	8	9	10	11	12
	公差值/μm											
≤10	0.4	0.8	1.5	3	5	8	12	20	30	50	80	120
>10~16	0.5	1	2	4	6	10	15	25	40	60	100	150
>16~25	0.6	1.2	2.5	5	8	12	20	30	50	80	120	200
>25~40	0.8	1.5	3	6	10	15	25	40	60	100	150	250

主参数	公差等级											
L、d(D)/mm	1	2	3	4	5	6	7	8	9	10	11	12
	公差值/μm											
>40~60	1	2	4	8	12	20	30	50	80	120	200	300
>60~100	1.2	2.5	5	10	15	25	40	60	100	150	250	400
>100~160	1.5	3	6	12	20	30	50	80	120	200	300	500

注：① 主参数 L 为给定平行度时轴线或平面的长度，或给定垂直度、倾斜度时被测要素的长度。

② 主参数 d(D) 为给定面对线垂直度时是被测要素的直径。

表 4 – 11　同轴度、对称度、圆跳动和全跳动公差值

主参数	公差等级											
d(D)、B、L/mm	1	2	3	4	5	6	7	8	9	10	11	12
	公差值/μm											
≤1	0.4	0.6	1.0	1.5	2.5	4	6	10	15	25	40	60
>1~3	0.4	0.6	1.0	1.5	2.5	4	6	10	20	40	60	120
>3~6	0.5	0.8	1.2	2	3	5	8	12	25	50	80	150
>6~10	0.6	1	1.5	2.5	4	6	10	15	30	60	100	200
>10~18	0.8	1.2	2	3	5	8	12	20	40	80	120	250
>18~30	1	1.5	2.5	4	6	10	15	25	50	100	150	300
>30~50	1.2	2	3	5	8	12	20	30	60	120	200	400
>50~120	1.5	2.5	4	6	10	15	25	40	80	150	250	500

注：① 主参数 d(D) 为给定同轴度时的轴直径，或给定圆跳动、全跳动时轴(孔)直径。

② 圆锥体斜向圆跳动的主参数为平均直径。

③ 主参数 B 为给定对称度时槽的宽度。

④ 主参数 L 为给定两孔对称度时的孔心距。

表 4 – 12　位置度公差值数系表　　　　　　　　　　　　　μm

1	1.2	1.5	2	2.5	3	4	5	6	8
1×10^n	1.2×10^n	1.5×10^n	2×10^n	2.5×10^n	3×10^n	4×10^n	5×10^n	6×10^n	8×10^n

注：n 为正整数。

用类比法选择几何公差时可参见表 4-13～表 4-16 所列。在使用时应注意以下几个问题：

① 对于较长的平面、直线，跨度较大的孔、轴，细长的孔、轴等，由于几何要素的尺寸较大，在加工中受力和受热变形也较大，也就是在加工时产生的几何误差较大，所以对这些要素的几何公差等级应相对正常的情况下降低 1～2 级，才能保证与正常尺寸值的几何要素有相同的加工难度。

② 要考虑尺寸公差与形状公差、方向公差、位置公差值之间的协调。对于圆柱面的几何公差(除轴线的直线度外)应小于尺寸公差；对于两平面的平行度公差应小于两平行平面之间的距离公差；同一要素的形状公差应小于对应要素的方向公差、位置公差；同一要素的方向公

差应小于对应要素的位置公差或跳动公差;单项公差值应小于综合项目公差值(如同一要素的圆度公差应小于圆柱度公差、径向圆跳动公差应小于径向全跳动公差值等)。

③ 应考虑同一表面的表面粗糙度与对应要素的形状公差的关系。对于中等尺寸、中等精度的要素:$Rz=(0.2-0.3)T_{形状}$;对于尺寸小,高精度的要素:$Rz=(0.5-0.7)T_{形状}$。

④ 标准件的几何公差值依据有关标准规定执行。

⑤ 对于下列情况,考虑到加工难易程度和主参数以及其他参数的影响,在满足功能的前提下,公差等级可降低 1~2 级:孔相对于轴;线对线、线对面的平行度、垂直度公差相对于面对面的平行度、垂直度公差。

表 4 - 13 直线度,平面度公差等级应用

公差等级	应用示例
5	一级平板,二级宽平尺,平面磨床的纵导轨、垂直导轨、立柱导轨及工作台,液压龙门刨床和转塔车床床身导轨,柴油机进排气阀门导杆
6	普通机床导轨面:如卧式车床、龙门刨床、滚齿机、自动车床等的床身导轨,立柱导轨,柴油机壳体
7	二级平板,机床主轴箱,摇臂钻床底座和工作台,镗床工作台,液压泵盖,减速器壳体的结合面
8	机床传动箱体、挂轮箱体、车床溜板箱体、柴油机气缸体。连杆分离面、缸盖结合面、汽车发动机缸盖、曲轴箱结合面、液压管件和端盖连接面
9	三级平板,自动车床床身底面,摩托车曲轴箱体,汽车变速箱壳体,手动机械的支承面

表 4 - 14 圆度,圆柱度公差等级应用

公差等级	应用示例
5	一般计量仪器主轴,测杆外圆柱面,陀螺仪轴颈,一般机床主轴轴颈及主轴轴承孔。柴油机,汽油机活塞,活塞销,与 P_6 级滚动轴承配合的轴颈
6	仪表端盖及外圆柱面,一般机床主轴及前轴承孔,泵与压缩机的活塞,气缸,汽油发动机凸轮轴,纺织机锭子,减速器传动轴轴颈,高速船用柴油机,拖拉机曲轴主轴颈。与 P_6 级滚动轴承配合的外壳孔,与 P_0 级滚动轴承配合的轴颈
7	大功率低速柴油机曲柄轴颈、活塞、活塞销、连杆、气缸,高速柴油机箱体轴承孔。千斤顶或压力机的油缸活塞,机车传动轴。水泵及通用减速器转轴轴颈,与 P_0 级滚动轴承配合的外壳孔
8	低速发动机,大功率曲柄轴颈,压气机连杆盖,拖拉机气缸体、活塞。炼胶机冷铸轴辊,印刷机传墨辊。内燃机曲轴轴颈,柴油机凸轮轴承孔,凸轮轴,拖拉机、小型船用柴油机气缸套
9	空气压缩机缸体,液压传动轴,通用机械杠杆与拉杆用套筒销,拖拉机活塞环,套筒孔

表 4 - 15 平行度,垂直度,倾斜度公差等级应用

公差等级	应用示例
4,5	卧式机床导轨,重要支承面,机床主轴孔对基准的平行度,精密机床的重要零件,计量仪器、量具、模具的基准面和工作面,主轴箱体重要孔,通用减速器壳体孔,齿轮泵的油孔端面,发动机轴和离合器的凸缘,气缸支承端面,安装精密滚动轴承的壳体孔的凸肩

续表 4 – 15

公差等级	应用示例
6,7,8	一般机床的基准面和工作面,压力机和锻锤的工作面,中等钻模的工作面,机床一般轴承孔对基准面的平行度。变速箱箱体孔,主轴花键对定心直径部位轴线的平行度,重型机械轴端盖面、卷扬机、手动传动装置中的传动轴、一般导轨、主轴箱体孔、刀架、砂轮架和气缸配合面对基准轴线,活塞销孔对活塞中心线的垂直度,滚动轴承内、外圈端面对轴线的垂直度
9,10	低精度零件,重型机械滚动轴承端盖、柴油机、煤气发动机箱体曲轴孔、曲轴颈、花键轴和轴肩端面。带运输机端盖等端面对轴线的垂直度,手动卷扬机及传动装置中的轴承端面,减速器壳体平面

表 4 – 16 同轴度,对称度,跳动公差等级应用

公差等级	应用示例
5,6,7	这是应用范围较广的公差等级,用于形位精度等级要求较高、尺寸公差等级为IT8及高于IT8级的零件。5级常用于机床轴颈,计量仪器的测量杆,汽轮机主轴,柱塞油泵转子,高精度滚动轴承外圈,一般精度滚动轴承的内圈,回转工作台端面跳动。7级用于内燃机曲轴,凸轮轴,齿轮轴,水泵轴,汽车后轮输出轴,电动机转子,印刷机墨辊的轴颈,键槽
8,9	用于形位精度等级要求一般,尺寸公差等级为IT9～IT11级零件。8级常用于拖拉机发动机分配轴轴颈,与9级精度以下齿轮相配合的轴,水泵叶轮,离心泵体,棉花精梳机前后滚子,键槽等。9级用于内燃机气缸套配合面,自行车中轴

4.8.4 公差原则的选择

1. 独立原则的应用

独立原则是处理尺寸公差与几何公差的基本原则,主要应用以下列场合:

① 尺寸精度与几何精度要求都比较严格,并需要分别满足要求的场合。如各种箱体上安装轴承的孔,为保证轴承的配合精度和轴的旋转精度,分别规定孔的尺寸公差与孔轴线的平行度公差。

② 尺寸公差与几何公差精度要求相差较大的场合。如轧钢机的轧辊、印染机的印染滚筒,其工作质量与圆柱度误差有关,而与直径的尺寸误差无关。此时规定较高等级的圆柱度公差较低等级的尺寸公差有较好的加工经济性。

③ 为保证运动精度、密封要求等,对几何公差提出更高的要求。如发动机活塞与缸套的配合,为保证活塞与缸套有较高的运动精度和密封性,在要求两者有较高的尺寸精度的同时,规定更高的圆柱度公差,使两者有良好的气密性。

2. 包容要求的应用

包容要求主用于保证配合性质的场合,如滑动轴承的孔与轴。

3. 最大实体要求的应用

最大实体要求主要用于保证可装配性的场合,如螺栓孔与螺栓配合处。

4.8.5 未注出几何公差的有关规定

GB/T 1184—1996规定了未注出几何公差的直线度、圆度、平面度、圆柱度、线面的轮廓

度、对称度、平行度、垂直度、位置度、圆跳动、全跳动的公差等级为 H、K、L 三个精度等级,精度等级依次降低。在采用某一精度等级时,应在图样的标题栏附近或技术要求中注出,例如:未注出的几何公差按 GB/T 1184—K。

直线度、平面度、垂直度、对称度、圆跳动的未注几何公差如表 4 - 17、表 4 - 18 所列。

表 4 - 17　直线度和平面度未注公差　　　　　　　　mm

公差等级	基本长度范围					
	≤10	>10~30	>30~100	>100~300	>300~1 000	>1 000~3 000
H	0.02	0.05	0.1	0.2	0.3	0.4
K	0.05	0.1	0.2	0.4	0.6	0.8
L	0.1	0.2	0.4	0.8	1.2	1.6

表 4 - 18　垂直度、对称度、圆跳动未注公差　　　　　　　mm

公差等级	垂直度				对称度				圆跳动公差值
	基本长度范围				基本长度范围				所有的基本长度
	≤100	>100~300	>300~1 000	>1 000~3 000	≤100	>100~300	>300~1 000	>1 000~3 000	
H	0.2	0.3	0.4	0.5	0.5	0.5	0.5	0.5	0.1
K	0.4	0.6	0.8	1	0.6	0.6	0.8	1	0.2
L	0.6	1	1.5	2	0.6	1	1.5	2	0.5

对于其他几何公差项目的未注公差值规定如下:圆度的未注公差值等于其直径公差值,但不得大于径向圆跳动的未注公差值;圆柱度的未注公差值为圆度误差、素线的直线度误差和相对素线的平行度误差的综合,所以不作规定,其中每一项误差由相应的注出公差或未注公差控制;平行度的未注公差值等于该被测要素的尺寸公差值,或是直线度和平面度未注公差值中的相应公差值取较大者;同轴度的未注公差值未作规定,必要时可取表 4 - 18 中的圆跳动公差值。对于线轮廓度、面轮廓度、倾斜度、位置度、全跳动的未注公差值,均应由各要素的注出或未注的线性尺寸公差或角度公差控制。

未注公差是以尺寸较大者要素作为基准。

[例 4 - 1]　查出下列几何公差值:

① 查出一平面 40 mm×120 mm 的 6 级的平面度公差;

② 查出一平面 40 mm×120 mm 的 9 级的直线度公差;

③ 查出一圆柱面 φ85×600 mm 的 7 级的圆度公差;

④ 查出一圆柱面 φ85×600 mm 的 8 级的圆柱度公差;

⑤ 查出两同轴圆柱 5 级的同轴度公差,被测圆柱面 φ40×120 mm,基准圆柱面 φ200×300 mm。

解

查几何公差值首先要确定主参数,对于平面度的主参数是平面长边的长度;直线度的主参数是直线的长度;圆度与圆柱度的主参数是圆柱面的直径值;同轴度的主参数是被测圆柱面的直径值。各项目的几何公差值如表 4-19 所列。

表 4-19 几何公差值

序 号	项目内容	主参数/mm	几何公差项目	几何公差等级	几何公差值/mm
1	40 mm×120 mm,6 级的平面度公差	120	平面度	6	$t=0.012$
2	40 mm×120 mm,9 级的直线度公差	120	直线度	9	$t=0.05$
3	$\phi 85×600$ mm,7 级的圆度公差	$\phi 85$	圆 度	7	$t=0.010$
4	$\phi 85×600$ mm,8 级的圆柱度公差	$\phi 85$	圆柱度	8	$t=0.015$
5	被测圆柱面 $\phi 40×120$ mm,5 级的同轴度公差	$\phi 40$	同轴度	5	$t=0.008$

[**例 4-2**] 试选择图 2-29 所示减速器输出轴上与大齿轮配合、与带轮配合轴颈的几何公差。

解

1) 几何公差项目、基准与公差原则的选择

与大齿轮孔配合的轴颈,为保证齿轮啮合精度,其轴颈的旋转精度要求高、配合的定心精度要求高;为保证该轴颈与齿轮孔配合的稳定性与定心精度,该圆柱面要有较高的形状精度。从保证旋转精度的要求考虑,应对该轴颈的轴线提出同轴度公差要求,基准为两轴承轴颈的公共轴线;从保证轴颈的形状精度考虑,应对轴颈提出圆柱度公差要求。对该轴颈规定两项几何公差项目其经济性不好,由于轴颈长度不大,所以用径向圆跳动代替同轴度与圆柱度公差,同时圆柱面的尺寸公差采用包容要求,从而保证配合的性质。

2) 公差等级的选择

按表 4-16 所推荐的同轴度、对称度、跳动公差等级应用,选择 6 级。公差值 $t=0.015$ mm。

输出轴与带轮配合的轴颈几何公差选择分析同上,特征项目为径向圆跳动,基准为与两轴承配合轴颈的公共轴线,这样选择基准能保证带轮的旋转精度,公差值 $t=0.015$ mm。

几何公差标注如图 4-16 所示。

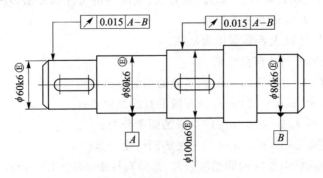

图 4-16 输出轴几何公差标注

[**例 4-3**] 试标注并解释图 4-17 所示曲轴的几何公差。

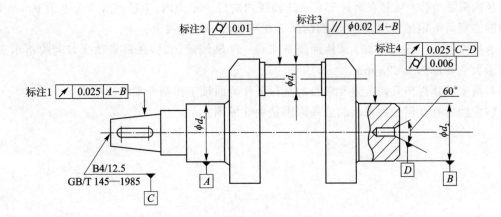

图 4 - 17　曲轴几何公差标注

解

1）标注 1

被测要素是圆锥面,基准要素是两主轴颈 ϕd_2 形成的公共轴线,几何公差项目是径向圆跳动,公差值为 $t=0.025$ mm,公差带是在垂直于 $A—B$ 轴线内的任一平面内,半径差为给定公差值为 0.025 mm 的两同心圆内的区域,两同心圆的圆心在基准 $A—B$ 的轴线上。

合格性解释:当提取圆锥面绕基准 $A—B$ 轴线旋转时,在垂直轴线方向的指示表的示值最大变动量为 0.025 mm。

2）标注 2

被测要素是 ϕd_1 圆柱面,几何公差项目是圆柱度,为形状公差无基准要求。公差值为 $t=0.01$ mm,公差带是半径差等于公差值 0.01 mm 的两同轴圆柱面所限定的区域。

合格性解释:提取 ϕd_1 圆柱面必须位于半径差为给定公差值 0.01 mm 的两同轴圆柱面之间的区域。

3）标注 3

被测要素是 ϕd_1 圆柱面轴线,几何公差项目是任意方向的平行度,基准是两主轴颈 ϕd_2 的公共轴线。公差值为 $t=0.02$ mm,公差带是直径等于公差值 0.02 mm,且平行于基准轴线的圆柱面限定的区域。

合格性解释:提取 ϕd_1 圆柱面轴线必须位于直径等于公差值 0.02 mm,且平行于基准 $A—B$ 轴线的圆柱面内。

4）标注 4

标注 4 有两项几何公差标注,上面的是径向圆跳动公差,下面是圆柱度公差。被测要素是曲轴两主轴颈 ϕd_2 圆柱面。径向圆跳动基准是两端中心孔的公共轴线。

对于圆柱度公差:其公差带是半径差等于公差值 0.006 mm 的两同轴圆柱面所限定的区域。

合格性解释:提取 ϕd_2 圆柱面应位于半径差等于公差值 0.006 mm 的两同轴圆柱面所限定的区域内。

径向圆跳动公差带是在垂直于 C—D 轴线内的任一平面内,半径差等于公差值 0.025 mm 的两同心圆所限定的区域,两同心圆的圆心在基准 C—D 轴线上。

合格性解释:当提取 ϕd_2 圆柱面绕基准 C—D 轴线旋转时,在垂直轴线方向的指示表的示值最大变动量为 0.025 mm。

对两主轴颈提出几何公差要求目的是保证作为曲轴工作基准轴线的精度。

该曲轴所有几何公差采用的公差原则是独立原则。

第 5 章 表面粗糙度与测量

【学习目的与要求】 掌握表面粗糙度对零件使用性能的影响、表面粗糙度的评定基准与评定方法,能够依据零件的使用要求和加工工艺合理选择表面粗糙度评定参数与参数值。会依据表面粗糙度的具体要求选择测量方法,对零件表面粗糙度进行测量。

5.1 概 述

5.1.1 表面粗糙度的定义

经过加工所获得的零件表面,总会存在几何误差。几何误差分为宏观几何形状误差(几何误差)、表面波纹度(波度)和微观几何形状误差(表面粗糙度)三类。目前,通常是按波距的大小来划分的。波距小于 1 mm 的属于表面粗糙度,波距在 1~10 mm 的属于表面波度,波距大于 10 mm 的属于形状误差,如图 5 - 1 所示。

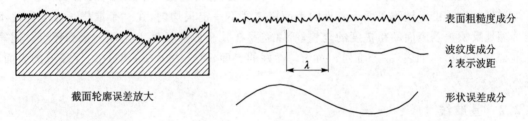

图 5 - 1 加工误差示意图

表面粗糙度是指零件表面在加工后形成的由较小间距微小峰谷所组成的微观几何形状特性,又称微观不平度,通俗说就是表面的光滑程度。表面粗糙度越小,表面就越光滑。

5.1.2 表面粗糙度对零件使用性能的影响

表面粗糙度影响零件的耐磨性、强度和抗腐蚀性等,还会影响配合性质的稳定性。对间隙配合来说,相对运动的表面因不平而迅速磨损,从而使间隙增大;对过盈配合来说,由于装配时将微观凸峰挤平,减小了实际有效过盈,从而降低了连接强度;对过渡配合,表面粗糙度也会使配合变松。此外,表面粗糙度对接触刚度、密封性、产品外观及表面反射能力等都有明显的影响。因此,表面粗糙度是评定新产品质量的重要指标。合理确定零件的表面粗糙度,对提高零件的加工精度,保证产品的使用性能和使用寿命等都有着很重要的作用。

5.2 表面粗糙度的评定

在测量和评定表面粗糙度时,要确定取样长度、评定长度、基准线和评定参数。

5.2.1 取样长度和评定长度

1. 取样长度 lr

取样长度是在测量表面粗糙度时所取的一段与轮廓总的走向一致的长度,用 lr 表示。规定和选择这段长度是为了限制和减弱表面波纹度对表面粗糙度测量结果的影响,表面越粗糙,取样长度应越大。一个取样长度范围内至少应包含五个以上的轮廓峰和轮廓谷。国家标准规定的取样长度如表 5-1 所列。

表 5-1 lr 和 ln 的数值

$Ra/\mu m$	$Rz/\mu m$	lr/mm	$ln/mm(ln=5lr)$
⩾0.008~0.02	⩾0.025~0.10	0.08	0.4
>0.02~0.10	>0.10~0.50	0.25	1.25
>0.1~2.0	>0.5~10.0	0.8	4.0
>2.0~10.0	>10.0~50.0	2.5	12.5
>10.0~80.0	>50.0~32.0	8.0	40.0

2. 评定长度 ln

评定长度是指评定表面粗糙度所必需的一段长度,它可包括一个或几个取样长度。

这样规定是由于被测表面上各处的表面粗糙度不一定很均匀,在一个取样长度上往往不能合理地反映被测表面的粗糙度的全貌,所以需要在几个取样长度上分别测量和评定。国家标准推荐 $ln=5lr$,如表 5-1 所列。对均匀性好的表面,可选 $ln<5lr$,对均匀性较差的表面,可选 $ln>5lr$。

5.2.2 基准线

基准线是指用以评定表面粗糙度参数的给定线,是测量轮廓峰谷高度与间距的基准。基准线有下列两种:

1. 轮廓的最小二乘中线

轮廓的最小二乘中线是指具有几何轮廓形状并划分实际轮廓的基准线,在取样长度内,使实际轮廓线上各点的纵坐标值 $z(x)$ 的平方和为最小,即 $\sum_{i=1}^{n} z_i^2 = \min$。如图 5-2(a)中所示的 O_1O_1 和 O_2O_2 线。

2. 轮廓的算术平均中线

轮廓的算术平均中线是指具有几何轮廓形状,在取样长度内与轮廓走向一致并划分实际轮廓为上下两部分,且使上下两部分的面积相等($\sum_{i=1}^{n} F_i = \sum_{i=1}^{n} F_i'$)的基准线。如图 5-2(b)中所示的 O_1O_1 和 O_2O_2 线。

最小二乘中线符合最小二乘原则,从理论上讲是理想的基准线,但在轮廓图形上确定最小二乘中线的位置比较困难,而算术平均中线与最小二乘中线的差别很小,故通常用算术平均中线来代替最小二乘中线,在实际测量中用目测估计来确定轮廓的算术平均中线。当轮廓不规则时,算术平均中线不是唯一的中线。

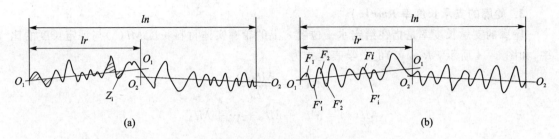

图 5 - 2　取样长度、评定长度、轮廓基准中线

5.2.3　表面粗糙度的评定参数

国家标准《产品几何技术规范（GPS）　表面结构　轮廓法　术语、定义及表面结构参数》（GB/T 3505—2009）规定的评定表面粗糙度的参数有轮廓幅度参数、间距参数和形状特征参数等。下面介绍其中几种常用的评定参数。

1. 轮廓的幅度参数

① 轮廓的算术平均偏差 Ra：在一个取样长度内，纵坐标 $z(x)$ 绝对值的算术平均值，如图 5 - 3 所示。Ra 的数学表达式为

$$Ra = \frac{1}{lr} \int_0^{lr} |z(x)| \, dx$$

测得的 Ra 值越大，则表面越粗糙。Ra 参数能充分反映表面微观几何形状高度方面的特性，一般用电动轮廓仪进行测量，因此是普遍采用的评定参数。

② 轮廓的最大高度 Rz：在一个取样长度内，最大轮廓峰高 $Z_{p,max}$ 和最大轮廓谷深 $Z_{v,max}$ 之和（即在取样长度内，轮廓的峰顶线到谷底线之间的距离），如图 5 - 3 所示。Rz 的数学表达式为

$$Rz = Z_{p,max} + Z_{v,max}$$

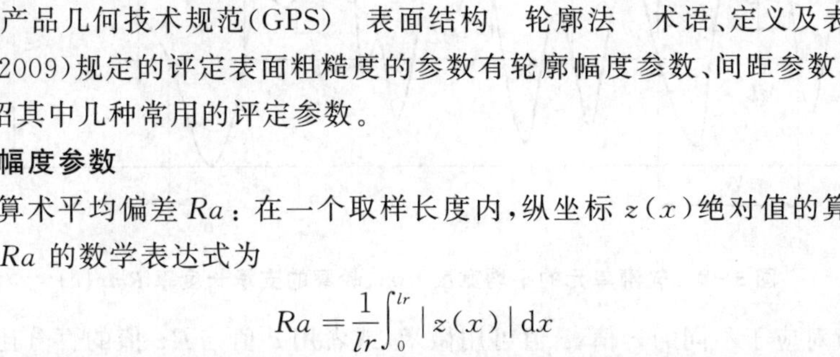

图 5 - 3　轮廓的幅度参数 Ra、Rz

2. 轮廓单元的平均宽度 Rsm

轮廓单元是一个轮廓峰与一个轮廓谷的组合。轮廓单元的平均宽度是指在一个取样长度内，轮廓单元宽度 Xs 的平均值，如图 5 - 4 所示。Rsm 的数学表达式为

$$Rsm = \frac{1}{n} \sum_{i=1}^{n} Xs_i$$

Rsm 是评定轮廓的间距参数，其值愈小，表示轮廓表面纹理愈细密，密封性愈好。

3. 轮廓的支承长度率 $Rmr(c)$

轮廓的支承长度率是指在给定水平位置 c 上的轮廓实体材料长度 $Ml(c)$ 与评定长度的比率，如图 5-4 所示。$Rmr(c)$ 的数学表达式为

$$Ml(c) = \frac{Ml(c)}{ln}$$

$$Ml(c) = Ml_1 + Ml_2 + \cdots + Ml_n$$

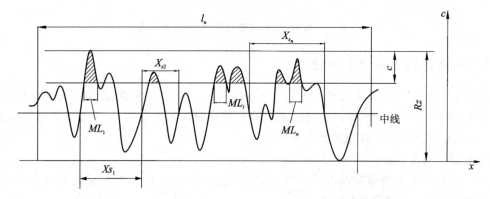

图 5-4 轮廓单元的平均宽度 Rsm、轮廓的支承长度率 $Rmr(c)$

$Rmr(c)$ 值对应于不同的 c 值，c 值可用微米，或者用 c 值与 Rz 值的百分比表示。

$Rmr(c)$ 是与评定轮廓的曲线形状相关的参数，当 c 值一定时，$Rmr(c)$ 值愈大，则支承能力和耐磨性更好，如图 5-5 所示。

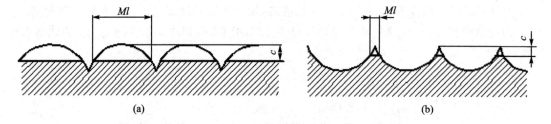

| (a) | (b) |

图 5-5 不同形状轮廓的支承长度率

5.2.4 表面粗糙度数值

《产品几何技术规范（GPS）表面结构 轮廓法 表面粗糙度参数及其数值》（GB/T 1031—2009）规定了评定表面粗糙度的参数值，如表 5-2～表 5-5 所列。

表 5-2 Ra 的数值　　　　　　　　　　μm

基 本 系 列		补 充 系 列			
0.012	1.6	0.008	0.080	1.00	10.0
0.025	3.2	0.010	0.125	1.25	16.0
0.05	6.3	0.016	0.160	2.0	20
0.1	12.5	0.020	0.25	2.5	32
0.2	25	0.032	0.32	4.0	40
0.4	50	0.040	0.50	5.0	63
0.8	100	0.063	0.63	8.0	80

表 5 – 3　*Rz* 的数值　　　　　　　　μm

基 本 系 列			补 充 系 列				
0.025	1.6	100	0.032	0.25	2.0	16.0	160
0.050	3.2	200	0.040	0.32	2.5	20	250
0.100	6.3	400	0.063	0.50	4.0	32	320
0.20	12.5	800	0.080	0.63	5.0	40	500
0.40	25	1 600	0.125	1.0	8.0	63	630
0.80	50		0.160	1.25	10.0	80	1 000
						125	1 250

表 5 – 4　*Rsm* 的数值　　　　　　　　mm

基 本 系 列		补 充 系 列				
0.006	0.8	0.002	0.010	0.063	0.32	2.0
0.0125	1.6	0.003	0.016	0.080	0.50	2.5
0.025	3.2	0.004	0.02	0.125	0.63	4.0
0.05	6.3	0.005	0.023	0.160	1.00	5.0
0.1	12.5	0.008	0.040	0.25	1.25	8.0
0.2						10.0
0.4						

表 5 – 5　*Rmr* (*c*) 的数值

10	15	20	25	30	40	50	60	70	80	90

注：选用轮廓支承长度率 $Rmr(c)$ 时，必须同时给出轮廓水平截面高度 c 值。c 值可用 μm 或 Rz 的百分数表示，其系列如下：Rz 的 5%、10%、20%、25%、30%、40%、50%、60%、70%、80%、90%。

5.3　表面粗糙度的选用

表面粗糙度的选择主要包括评定参数的选择和参数值的选择。

5.3.1　评定参数的选择

评定参数的选择应考虑零件使用功能的要求、检测的方便性及仪器设备条件等因素。

国家标准规定，轮廓的幅度参数（Ra 或 Rz）是必须标注的参数，是主参数。而其他参数（如 Rsm、$Rmr(c)$）是附加参数。一般情况下，选用 Ra 或 Rz 就可以满足要求。只有对一些重要表面有特殊要求，如有涂镀性、抗腐蚀性、密封性要求时，需要加选 Rsm 来控制间距的细密度；对表面的支承刚度和耐磨性有较高要求时，需加选 $Rmr(c)$ 附加参数控制表面的形状特征。

在幅度参数中，Ra 最常用。因为它能较完整、全面地表达零件表面的微观几何特征。Rz 反映轮廓情况不如 Ra 全面，往往用在小零件（测量长度很小）或表面不允许有较深的加工痕迹(防止应力过于集中)的零件。

5.3.2　参数值的选择及典型参数值的应用

表面粗糙度参数值的选择原则是:在满足功能要求的前提下,尽量选择较大的表面粗糙度参数(除 $Rmr(c)$ 外)值,以减小加工难度,降低生产成本。

表面粗糙度参数值一般遵循以下选用原则:

① 同一零件上工作表面比非工作表面粗糙度参数值小。

② 摩擦表面比非摩擦表面、滚动摩擦表面比滑动摩擦表面的粗糙度参数值小。

③ 承受交变载荷的表面及易引起应力集中的部分(如圆角、沟槽等),粗糙度参数值小些。

④ 要求配合稳定可靠时,粗糙度参数值应小些。尤其小间隙配合表面,受重载作用的过盈配合表面,其粗糙度参数值要小。

⑤ 表面粗糙度与尺寸公差及几何公差应协调。通常,尺寸及几何公差值小,表面粗糙度参数值也要小,同一尺寸公差的轴比孔的粗糙度参数值要小。

必须说明,表面粗糙度的参数值和尺寸公差、几何公差之间并不存在确定的函数关系,如机器、仪器上的手轮、手柄、外壳等部位,其尺寸、几何精度要求并不高,但表面粗糙度参数值却较小。

⑥ 密封性、防腐性要求高的表面或外形美观的表面其表面粗糙度参数值都应小些。

⑦ 凡有关标准已对表面粗糙度要求作出规定者(如轴承、量规、齿轮标准等),应按标准规定选取表面粗糙度参数值。

⑧ 表5-6列出了表面粗糙度的表面特征、经济加工方法及应用举例,供参考。

表5-6　表面粗糙度的表面特征、经济加工方法及应用举例

表面微观特征		$Ra/\mu m$	加工方法	应用举例
粗糙平面	微见刀痕	≤20	粗车、粗刨、粗铣、钻、毛锉、锯断	半成品粗加工的表面,非配合的加工表面,如轴端面、倒角、钻孔,齿轮和带轮侧面、键槽底面、垫圈接触面等
半光表面	微见加工痕迹	≤10	车、刨、铣、镗、磨、拉、粗刮、滚压	轴上不安装轴承、齿轮处的非配合表面,紧固件的自由装配表面,轴和孔的退刀槽等
	微见加工痕迹	≤5	车、刨、铣、镗、磨、拉、粗刮、滚压	半精加工表面,箱体、支架、盖面、套筒等和其他零件结合而无配合要求的表面,需要发蓝的表面等
	看不清加工痕迹	≤2.5	车、镗、磨、拉、刮、精铰、磨齿、滚压	接近于精加工的表面,箱体上安装轴承的镗孔表面、齿轮的工作面
光表面	可辨加工痕迹方向	≤1.25	车、镗、磨、拉、刮、精铰、磨齿、滚压	圆柱销、圆锥销,与滚动轴承配合的表面,齿轮的工作面
	微辨加工痕迹方向	≤0.63	精铰、精镗、磨、拉、刮、滚压	要求配合性质稳定的配合表面,工件时受交变应力的重要零件,较高精度车床导轨面
	不可辨加工痕迹方向	≤0.32	精磨、珩磨、研磨	精密机床主轴锥孔、顶尖圆锥面、发动机曲轴、凸轮轴工作表面、高精度齿轮齿面

表面微观特征		$Ra/\mu m$	加工方法	应用举例
极光表面	暗光泽面	≤0.16	精磨、研磨、普通抛光	精密机床主轴颈表面,一般量规工作表面,气缸套内表面,活塞销表面等
	亮光泽面	≤0.08	超精磨、镜面磨削、精抛光	精密机床主轴颈表面,滚动轴承的滚珠,高压油泵中柱塞孔和柱塞配合的表面
	镜状光泽面	≤0.04		
	镜面	≤0.01	镜面磨削、超精研	高精度量仪、量块的工作表面、光学仪器中的金属镜面

表 5 - 7 轴和孔的表面粗糙度参数推荐值

应用场合			$Ra/\mu m$		
示 例	公差等级	表 面	公称尺寸/mm		
			≤50	>50~500	
经常拆卸零件的配合表面 (如挂轮、滚刀等)	IT5	轴	≤0.2	≤0.4	
		孔	≤0.4	≤0.8	
	IT6	轴	≤0.4	≤0.8	
		孔	≤0.8	≤1.6	
	IT7	轴	≤0.8	≤1.6	
		孔			
	IT8	轴	≤0.8	≤1.6	
		孔	≤1.6	≤3.2	
	公差等级	表 面	公称尺寸/mm		
			≤50	>50~120	>120~500
过盈配合的配合表面 (a)用压力机进行装配 (b)用热孔法进行装配	IT5	轴	≤0.2	≤0.4	≤0.4
		孔	≤0.4	≤0.8	≤0.8
	IT6	轴	≤0.4	≤0.8	≤1.6
	IT7	孔	≤0.8	≤1.6	≤1.6
	IT8	轴	≤0.8	≤1.6	≤3.2
		孔	≤1.6	≤3.2	≤3.2
	IT9	轴	≤1.6	≤3.2	≤3.2
		孔	≤3.2	≤3.2	≤3.2
滑动轴承的配合表面	IT6~IT9	轴	≤0.8		
		孔	≤1.6		
	IT10~IT12	轴	≤3.2		
		孔	≤3.2		

应用场合			$Ra/\mu m$					
	公差等级	表面	径向跳动/μm					
			2.5	4	6	10	16	25
精密定心的配合表面	IT5～IT8	轴	≤0.05	≤0.1	≤0.1	≤0.2	≤0.4	≤0.8
		孔	≤0.1	≤0.2	≤0.2	≤0.4	≤0.8	≤1.6

5.3.3 代号及注法

1. 符 号

按 GB/T 131—2006 的规定,在技术文件中表面粗糙度采用符号标注,表面粗糙度符号如表 5 - 8 所列。当零件表面仅需要加工(采用去除材料的方法或不去除材料的方法),但对表面粗糙度的其他规定没有要求时,允许在图样上只注表面粗糙度符号。

表 5 - 8 表面粗糙度符号

符 号	意义及说明
基本图形符号	基本图形符号,表示表面可用任何方法获得。当不加注表面粗糙度参数值或有关说明(例如表面处理、局部热处理状况等)时,仅适用于简化代号标注
扩展图形符号	基本图形符号加一短画,表示指定表面用去除材料的方法获得。例如车、铣、钻、磨、剪切、抛光、腐蚀、电火花加工、气割等
扩展图形符号	基本图形符号加一小圆,表示指定表面用不去除材料的方法获得。例如铸、锻、冲压变形、热轧、冷轧、粉末冶金等。 或者是用于保持原供应状况的表面(包括保持上道工序的状况)
完整图形符号	在上述三个符号的长边上均可加一横线,用于标注有关参数和说明
工件轮廓各表面的图形符号	在上述三个符号的长边与横线的拐角处均可加一小圆,表示该视图上构成封闭轮廓的所有表面具有相同的表面粗糙度要求

2. 表面粗糙度完整图形符号的组成

为了明确表面粗糙度要求,除了标注表面粗糙度参数代号和数值外,必要时应标注补充要求,补充要求包括:传输带、取样长度、加工工艺、表面纹理及方向、加工余量等。

在完整符号中,对表面粗糙度的单一要求和补充要求应注写在图 5-6 所示的指定位置。

图 5-6 中位置 $a \sim e$ 分别注写以下内容:

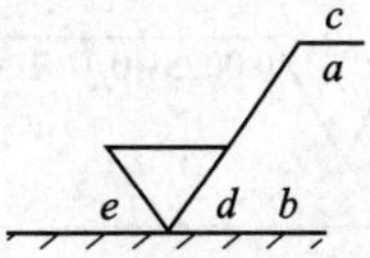

① 位置 a。注写表面粗糙度的单一要求。根据 GB/131—2006 标注表面粗糙度参数代号、极限值和传输带或取样长度。为了避免误解,在参数代号和极限值间应插入空格。传输带或取样长度后应有一斜线"/",之后是表面粗糙度参数代号,最后是数值。

图 5-6　补充要求的注写位置

示例 1:0.0025 - 0.8/Rz 6.3(传输带标注)。

示例 2:-0.8/Rz 6.3(取样长度标注)。

② 位置 a 和 b。注写两个或多个表面粗糙度要求。在位置 a 注写第一个表面粗糙度要求,方法同①。在位置 b 注写第二个表面粗糙度要求。如果要注写第三个或更多个表面粗糙度要求,图形符号应在垂直方向扩大,以空出足够的空间。扩大图形符号时,a 和 b 的位置随之上移。

③ 位置 c。注写加工方法。注写加工方法、表面处理、涂层或其他加工工艺要求等,如车、磨、镀等加工方法。

④ 位置 d。注写表面纹理和方向。注写所要求的表面纹理和纹理方向,如"=""X""M"。

⑤ 位置 e。注写加工余量。注写所要求的加工余量,以毫米为单位给出数值。

表面粗糙代号的具体标注示例如表 5-9 所列。

表 5-9　表面粗糙度代号(GB/T 131—2006)

符　号	含义/解释
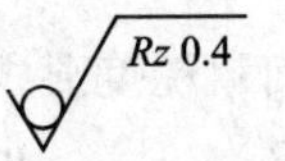 $\sqrt{Rz\ 0.4}$	表示不允许去除材料,单向上限值,默认传输带,粗糙度的最大高度 0.4 μm,评定长度为 5 个取样长度(默认),"16%规则"(默认)
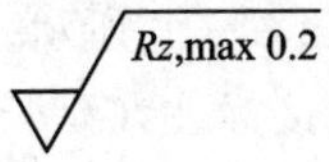 $\sqrt{Rz,max\ 0.2}$	表示去除材料,单向上限值,默认传输带,粗糙度的最大高度为 0.2 μm,评定长度为 5 个取样长度(默认),"最大规则"
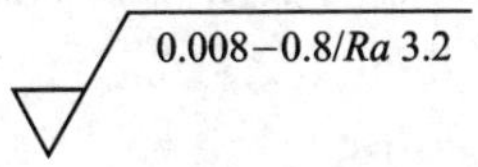 $\sqrt{0.008-0.8/Ra\ 3.2}$	表示去除材料,单向上限值,传输带 0.008~0.8 mm,算术平均偏差 3.2μm,评定长度为 5 个取样长度(默认),"16%规则"(默认)
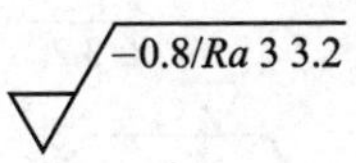 $\sqrt{-0.8/Ra\ 3\ 3.2}$	表示去除材料,单向上限值,传输带:根据《产品几何技术规范(GPS)　表面结构　轮廓法　接触(触针)式仪器的标称特性》(GB/T 6062—2009),取样长度 0.8 mm(λs 默认 0.002 5 mm),算术平均偏差 3.2 μm,评定长度包含 3 个取样长度,"16%规则"(默认)
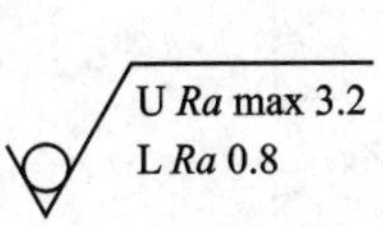 $\sqrt{\begin{array}{l}U\ Ra\ max\ 3.2\\L\ Ra\ 0.8\end{array}}$	表示不允许去除材料,双向极限值,两极限值均使用默认传输带,上限值:算术平均偏差为 3.2 μm,评定长度为 5 个取样长度(默认),"最大规则"。下限值:算术平均偏差为 0.8 μm(表面粗糙度评定参数的上极限用 U 表示,下极限用 L 表示),评定长度为 5 个取样长度(默认),"16%规则"(默认)

符　号	含义/解释
√ 0.0025-0.1//Rx 0.2	表示任意加工方法,单向上限值,传输带 λs＝0.002 5 mm,A＝0.1 mm,评定长度 3.2 mm(默认),粗糙度图形参数,粗糙度图形最大深度为 0.2 μm,"16％规则"(默认)
√ /10/R 10	表示不允许去除材料,单向极限值,传输带 λs＝0.008 mm(默认),A＝0.5 mm(默认),评定长度为 10 mm,粗糙度图形参数,粗糙度图形平均深度为 10 μm,"16％规则"(默认)
√ -0.3/6/AR 0.09	表示任意加工方法,单向上限值,传输带 λs＝0.008 mm(默认),A＝0.3 mm(默认),评定长度为 6 mm,粗糙度图形参数,粗糙度图形平均间距为 0.09 mm,"16％规则"(默认)

注：① 这里给出的表面粗糙度参数、传输带/取样长度和参数值以及所选择的符号仅作为示例。

　　② "16％规则"：允许在表面粗糙度参数的所有实测值中超过规定值的个数少于 16％。

　　③ "最大规则"：要求在表面粗糙度参数的所有实测值中不得超过规定值。

3. 表面粗糙度符号、代号的标注位置与方向

总的原则是根据《机械制图　尺寸注法》(GB/T 4458.4—2003)的规定,表面粗糙度的注写和读取方向与尺寸的注写和读取方向一致,如图 5 - 7 所示。

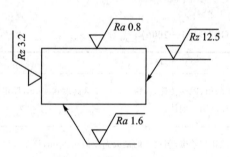

图 5 - 7　表面粗糙度要求的注写方向

表面粗糙度要求可标注在轮廓线上,其符号应从材料外指向并接触表面。必要时,表面粗糙度符号也可用带箭头或黑点的指引线引出标注,如图 5 - 8 所示。

在不致引起误解时,表面粗糙度要求可以标注在给定的尺寸线上,如图 5 - 9 所示;也可标注在形位公差框格的上方,如图 5 - 10 所示。

表面粗糙度要求可以直接标注在延长线上,或用带箭头的指引线引出标注,如图 5 - 8(b)和图 5 - 11 所示。

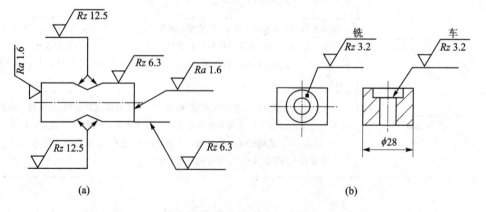

图 5 - 8　表面粗糙度标在轮廓线上或指引线上示例

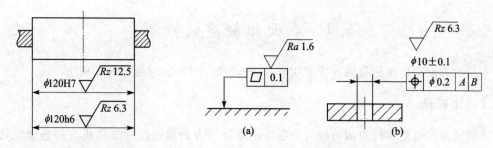

图 5-9　表面粗糙度要求标在尺寸线上

图 5-10　表面粗糙度要求标在形位公差框格的上方

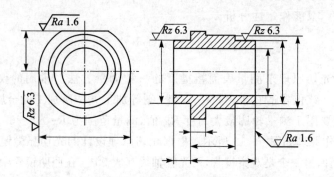

图 5-11　表面粗糙度要求标在圆柱特征的延长线上

[例 5-1]　试选择图 2-29 所示减速器输出轴表面的表面粗糙度评定参数与参数值,并在图面上标注。

解

该输出轴为通过机械加工获得到的表面,各段轴颈直径有明确的尺寸公差与几何公差要求。按各尺寸公差等级查表 5-7 得:

$\phi60k6$ 轴颈为精密定心表面,按径向圆跳动公差≤16 μm 选择时,Ra≤0.4 μm。

$\phi80k6$ 轴颈为精密定心表面,按轴公差等级 IT6 选择时 Ra≤0.4 μm。

$\phi100n6$ 轴颈为精密定心表面,按径向圆跳动公差≤16 μm 选择时,Ra≤0.4 μm。

表面粗糙度标注如图 5-12 所示。

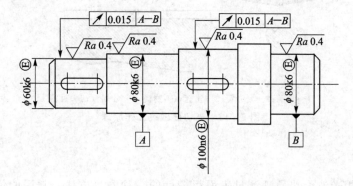

图 5-12　输出轴上表面粗糙度的标注示例

5.4 表面粗糙度的检测

常用的表面粗糙度的检测方法有比较法、光切法、干涉法、感触法和印模法。

5.4.1 比较法

比较法是将被测零件表面与标有一定评定参数的表面粗糙度标准样板直接进行比较，从而估计出被测表面粗糙度的一种测量方法。使用时，样板的材料、表面形状、加工方法、加工纹理方向等应尽可能与被测表面一致，否则会产生较大误差。该方法使用简便，适宜于车间检验，缺点是精度较低，只能作定性分析。

5.4.2 光切法

光切法是应用光切原理来测量表面粗糙度的一种测量方法。常用的仪器是光切显微镜（又称双管显微镜）。该仪器适宜于测量用车、铣、刨等加工方法所加工的金属零件的平面或外圆表面。光切法主要用于测量轮廓最大高度 Rz 值，测量范围为 $Rz0.5\sim60~\mu m$。

光切显微镜工作原理如图 5-13 所示。根据光切原理设计的光切显微镜由两个镜管组成，一个是投影照明镜管，另一个是观察镜管，两光管轴线互成 90°。在照明镜管中，光源发出的光线经聚光镜 2、狭缝 3 及物镜 4 后，以 45°的倾斜角照射在具有微小峰谷的被测工件表面上，形成一束平行的光带，表面轮廓的波峰在 S 点处产生反射，波谷在 S' 点处产生反射。通过观察镜管的物镜，分别成像在分划板 5 上的 a 与 a' 点，从目镜中可以观察到一条与被测表面相似的齿状亮带，通过目镜分划板与测微器，可测出 aa' 之间的距离 N，则被测表面轮廓峰谷高度 h 为

$$h=\frac{N}{V}\cos 45°=\frac{N}{\sqrt{2}\,V}$$

式中，V 为观察镜管的物镜放大倍数。

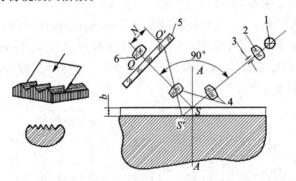

1—光源；2—聚光镜；3—狭缝；4—物镜；5—分划板；6—目镜
图 5-13 光切显微镜工作原理

5.4.3 干涉法

干涉法是利用光波干涉原理测量表面粗糙度的一种测量方法。常用的仪器是干涉显微镜。干涉显微镜主要用于测量轮廓最大高度 Rz 值，测量范围 Rz 为 $0.5\sim0.8~\mu m$，一般用于

测量表面粗糙度要求较高的表面。

5.4.4 感触法

感触法是一种接触式测量表面粗糙度的方法,最常用的仪器是电动轮廓仪,又称表面粗糙度测量仪。该仪器可直接显示 Ra 值,适宜于测量 Ra 为 $0.025 \sim 6.3\ \mu m$。图 5－14 所示是电感式轮廓仪的原理图。测量时,仪器的金刚石触针针尖与被测表面接触,当触针以一定速度沿着被测表面移动时,微观不平的痕迹使触针作垂直于轮廓方向的上下运动,该微量移动通过传感器转换成电信号,再经过滤波器,将表面轮廓上属于几何误差和波度的成分滤去,留下只属于表面粗糙度的轮廓曲线信号,经放大器、计算器、显示器直接指示出 Ra 值。该仪器使用方便,测量精度高。

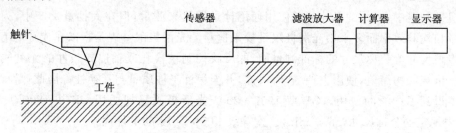

图 5－14 电感式轮廓仪的原理图

5.4.5 印模法

在实际测量中,常常会遇到某些既不能使用仪器直接测量,也不便于用样板相对比的表面。如深孔、盲孔、凹槽、内螺纹等。评定这些表面的粗糙度时,常采用印模法。印模法是利用一些无流动性和弹性的塑性材料,贴合在被测表面上,将被测表面的轮廓复制成模,然后测量印模,从而来评定被测表面粗糙度的方法。

第6章 光滑极限量规设计

【学习目的与要求】 掌握量规的种类、形式,量规公差带的分布;能够依据被测零件的尺寸公差带确定量规的公差带,依据被测零件尺寸、结构选择量规的结构形式;会设计工作量规。

6.1 概　述

在机械制造中,工件的尺寸一般使用通用计量器具来测量,但在大批量生产中,为了提高产品质量和检验效率而多采用光滑极限量规来检验。光滑极限量规是指以孔或轴的上极限尺寸和下极限尺寸为公称尺寸的标准测量面,能反映控制被检孔或轴边界条件的无刻线长度测量器具。量规结构简单,使用方便,省时可靠,并能保证工件质量与互换性。因此,量规在机械制造业中得到了广泛的使用。GB/T 1957—2006 光滑极限量规适用 GB/T 1800.1～GB/T 1800.2 中规定的公称尺寸≤500 mm,公差等级 IT6～IT16 的工件检验。

6.1.1 工件的量规检验

量规检验工件时,只能判断工件是否在极限尺寸范围内,而不能测出工件组成要素的局部尺寸。单一孔轴采用包容要求时,使用量规来检验,可以将尺寸误差和几何误差都控制在尺寸公差带之内。

检验孔用的量规称为塞规,测量面为外圆柱面,如图 6-1(a)所示。检验轴用的量规称为卡规(又称环规),测量面为内圆柱面,如图 6-1(b)所示。

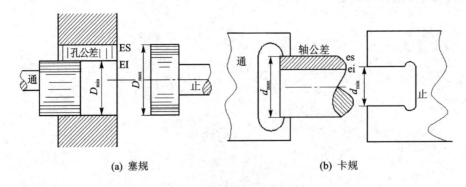

(a) 塞规　　　　　　　　　　　　　(b) 卡规

图 6-1　量规检验示意图

量规有通规和止规之分,量规通常成对使用。通规用来检验工件的最大实体尺寸(即孔的下极限尺寸和轴的上极限尺寸)。止规用来检验工件的最小实体尺寸(即孔的上极限尺寸和轴的下极限尺寸)。量规在检验工件时,通规通过被检验工件、止规不通过被检验工件为合格,否则为不合格。所以,量规的通规用于控制工件组成要素不超越最大实体边界,止规用于控制工件组成要素的局部尺寸不超越最小实体尺寸。

6.1.2 量规种类

量规按用途不同可分为工作量规、验收量规和校对量规。

1. 工作量规

工作量规是生产过程中操作者检验工件时所使用的量规。通规用代号"T"表示,止规用代号"Z"来表示。

2. 验收量规

验收量规是验收工件时检验人员或用户代表所使用的量规。验收量规一般不需要另行制造,验收量规的通规是从磨损较多、但未超过磨损极限的工作量规通规中挑选出来的,验收量规的止规应接近工件的最小实体尺寸。这样操作者用工作量规自检合格的工件,当检验员用验收量规验收时也一定合格。

3. 校对量规

校对量规是检验工作量规的量规。因为孔用工作量规为轴,便于用精密量仪测量,故国家标准未规定孔用量规的校对量规。轴用量规为孔,不便于用精密量仪测量,对轴用量规规定了校对量规。

6.2 量规公差带

量规虽然是一种专用检验工具,但是制造量规和制造工件一样,不可避免地会产生误差,因此对量规必须规定公差,以便于制造。

1. 工作量规公差带

1) 制造公差(T)

量规的制造公差确定是以被检验工件的公差为依据的,如表6-1所列。

2) 磨损公差

由于通规在检验时,要经常通过工件,其工作表面容易磨损,为使通规有一个合理的使用寿命,又不影响被检验工件质量的前提下,除规定制造公差外,还规定了磨损公差,通规的磨损公差是由量规公差带位置要素(Z)确定,如表6-1所列。位置要素Z值是通规尺寸公差带中心到工件最大实体尺寸的距离,磨损公差等于 $Z-T/2$。

表6-1 量规制造公差 T 和位置要素 Z 值　　　　　　　　μm

工件公称尺寸/mm	IT6			IT7			IT8			IT9			IT10			IT11			IT12		
	IT6	T	Z	IT7	T	Z	IT8	T	Z	IT9	T	Z	IT10	T	Z	IT11	T	Z	IT12	T	Z
～3	6	1	1	10	1.2	1.6	14	1.6	2	25	2	3	40	2.4	4	60	3	6	100	4	9
>3~6	8	1.2	1.4	12	1.4	2	18	2	2.6	30	2.4	4	48	3	5	75	4	8	120	5	11
>6~10	9	1.4	1.6	15	1.8	2.4	22	2.4	3.2	36	2.8	5	58	3.6	6	90	5	9	150	6	13
>10~18	11	1.6	2	18	2	2.8	27	2.8	4	43	3.4	6	70	4	8	110	6	11	180	7	15
>18~30	13	2	2.4	21	2.4	3.4	33	3.4	5	52	4	7	84	5	9	130	7	13	210	8	18
>30~50	16	2.4	2.8	25	3	4	39	4	6	62	5	8	100	6	11	160	8	16	250	10	22
>50~80	19	2.8	3.4	30	3.6	4.6	46	4.6	7	74	6	9	120	7	13	190	9	19	300	12	26

工件公称 尺寸/mm	IT6			IT7			IT8			IT9			IT10			IT11			IT12		
	IT6	T	Z	IT7	T	Z	IT8	T	Z	IT9	T	Z	IT10	T	Z	IT11	T	Z	IT12	T	Z
>80~120	22	3.2	3.8	35	4.2	5.4	54	5.4	8	87	7	10	140	8	15	220	10	22	350	14	30
>120~180	25	3.8	4.4	40	4.8	6	63	6	9	100	8	12	160	9	18	250	12	25	400	16	35
>180~250	29	4.4	5	46	5.4	7	72	7	10	115	9	14	185	10	20	290	14	29	460	18	40
>250~315	32	4.8	5.6	52	6	8	81	8	11	130	10	16	210	12	22	320	16	32	520	20	45
>315~400	36	5.4	6.2	57	7	9	89	9	12	140	11	18	230	14	25	360	18	36	570	22	50
>400~500	40	6	7	63	8	10	97	10	14	155	12	20	250	16	28	400	20	40	630	24	55

3）量规公差带位置

标准规定量规公差带位置采用完全内缩原则,即量规公差带完全在被检验工件公差带内。这样有利于保证产品检验质量和互换性,防止误收现象的发生。量规公差带分布图如图 6-2 所示。

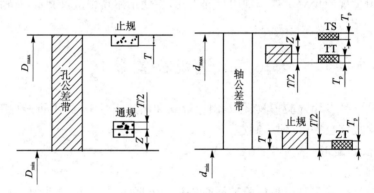

图 6-2 量规公差带分布图

2. 校对量规的公差带

校对量规的公差带如图 6-2 所示。

1）校通—通(代号 TT)

用在轴用通规制造时,其作用是防止通规尺寸小于其下极限尺寸,故其公差带是从通规的下极限偏差起向轴用通规公差内分布。检验时,该校对塞规应通过轴用通规,否则应判断该轴用通规不合格。

2）校止—通(代号 ZT)

用在轴用止规制造时,其作用是防止止规尺寸小于其下极限尺寸,故其公差带是从止规的下极限偏差起向轴用止规公差带内分布。检验时,该校对塞规应通过轴用止规,否则应判断该轴用止规不合格。

3）校通—损(代号 TS)

用于检验使用中的轴用通规是否磨损,其作用是防止通规在使用中超过磨损极限尺寸,故其公差带是从通规的磨损极限起向轴用通规公差内分布。通过该校对塞规的轴用量规为不能继续使用的量规。

校对量规的尺寸公差 T_p 为被校对轴用量规制造公差的 50%,校对量规的几何公差应控制在其尺寸公差带内。由于校对量规精度高,制造困难,而目前测量技术又在不断发展,因此在实际生产中逐步将用量块或计量仪器代替校对量规。

6.3　工作量规设计

量规设计包括量规结构形式选择,量规结构尺寸确定、量规工作尺寸的计算及绘制量规工作图。

1. 量规的设计原则及其结构

设计量规应遵守泰勒原则,泰勒原则是指组成要素遵守包容要求,即提取组成要素不得超越其最大实体边界,其局部尺寸不允许超出最小实体尺寸。

符合泰勒原则的量规如下:

① 量规尺寸要求:通规的公称尺寸应等于工件的最大实体尺寸(MMS);止规的公称尺寸应等于工件的最小实体尺寸(LMS)。

② 量规的形状要求:通规是用来控制工件提取组成要素不超越其最大实体边界,它的测量面应是与孔或轴形状相对应的完整表面(即全形量规),且测量长度等于配合长度;止规用来控制工件的组成要素局部尺寸,它的测量面应是点状的(即不全形量规),且测量长度可以短些,止规表面与被测件是点接触。

用符合泰勒原则的量规检验工件时,若通规能通过而止规不能通过,则表示工件合格;其余情况则表示工件不合格。图 6 - 3 所示零件如用不符合泰勒原则的量规进行检验,就可能造成不合格品成为合格品。该孔的实际轮廓已超出尺寸公差带,应为废品。用全形通规检验时不能通过;而用两点状止规检验,虽然沿 x 方向不能通过,但沿 y 方向却能通过,于是,该孔被正确地判断为废品。若用两点状通规检验,则沿 y 轴方向通过;用全形止规检验,则不能通过,于是该零件被判断为合格品。由于量规的测量面形状不符合泰勒原则,从而把该孔误判为合格。

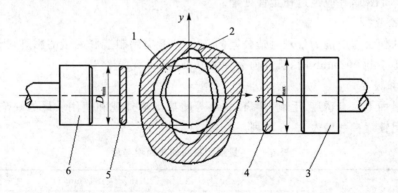

1—孔公差带;2—工件实际轮廓;3—全形塞规的止规;
4—不全形塞规的止规;5—不全形塞规的通规;6—全形塞规的通规

图 6 - 3　量规形式对检验结果的影响

在量规的实际应用中,由于量规制造和使用方面的原因,要求量规形状完全符合泰勒原则是有困难的。因此国家标准规定,允许在被检验工件的几何误差不影响配合性质的条件下,可使用偏离泰勒原则的量规。例如,对于尺寸大于 100 mm 的孔,为了不使量规过于笨重,通规很少制成全形圆柱轮廓。同样,为了提高检验效率,检验大尺寸轴的通规也很少制成全形环规。此外,全形环规不能检验正在顶尖上装夹加工的零件及曲轴零件等。当采用不符合泰勒原则的量规检验工件时,应在工件的多方位上检验,并从工艺上采取措施以限制工件的几何误差。

国家标准推荐了常用量规的结构形式及其应用尺寸范围,如表 6-2 所列。

表 6-2 量规结构形式推荐使用顺序(摘自 GB/T 6322—1986)

光滑极限量规的形式		适用的公称尺寸范围/mm
孔用极限量规	针式量规(测头与手柄)	1~6
	锥柄圆柱塞规(测头)	1~50
	三牙锁紧式圆柱塞规(测头)	>40~120
	三牙锁紧式非全形塞规(测头)	>80~180
	非全形塞规	>180~260
	球端杆规	>120~500
轴用极限量规	圆柱环规	1~100
	双头组合卡规	1~3
	单头双极限组合卡规	1~3
	双头卡规	>3~10
	单头双极限卡规	1~260

2. 量规的技术要求

1)量规材料

量规测量面的材料与硬度对量规的使用寿命有一定的影响。量规可用合金工具钢(如 CrMn、CrMnW、CrMoV)、碳素工具钢(如 T10A、T12A)、渗碳钢(如 15 钢、20 钢)及其他耐磨材料(如硬质合金)制造。手柄一般用 Q235 钢、2A11(原 LY11)铝等材料制造。量规测量面硬度为 58~65HRC,并应经过稳定性处理。

2)几何公差

量规的几何公差一般为量规制造公差的 50%。考虑到制造和测量的困难,当量规的尺寸公差小于或等于 0.002 mm 时,其几何公差取 0.001 mm。

3)表面粗糙度

量规测量面不应有锈迹、毛刺、黑斑、划痕等明显影响外观和使用质量的缺陷。量规测量表面的表面粗糙度参数如表 6-3 所列。

表 6-3 量规测量面的表面粗糙度

工作量规	被检工件公称尺寸/mm		
	≤120	>120~315	>315~500
	表面粗糙度 $Ra/\mu m$		
IT6 级孔用工作塞规	0.05	0.10	0.20
IT7~IT9 级孔用工作塞规	0.10	0.20	0.40
IT10~IT12 级孔用工作塞规	0.20	0.40	0.80
IT13~IT16 级孔用工作塞规	0.40	0.80	

工作量规	被检工件公称尺寸/mm		
	≤120	>120～315	>315～500
	表面粗糙度 $Ra/\mu m$		
IT6～IT9 级轴用工作环规	0.10	0.20	0.40
IT10～IT12 级轴用工作环规	0.20	0.40	0.80
IT13～IT16 级轴用工作环规	0.40	0.80	

3. 工作量规的设计与计算

下面以一个例子说明工作量规的设计程序与方法。

[**例题 6 - 1**]　设计图 2 - 29 检验输出轴与大齿轮配合 $\phi 100 \dfrac{H7}{n6}$ 孔与轴用工作量规,并绘制量规工作图。

解

(1) 由国家标准《极限与配合》(GB/T 1800.1—2009)查出孔与轴的极限偏差为

孔　　　　　　ES＝＋0.035 mm　　　　　　　　EI＝0

轴　　　　　　ei＝＋0.023 mm　　　　　　　　es＝＋0.045 mm

(2) 由表 6 - 1 查出工作量规的制造公差 T,通规公差带位置要素 Z,并确定量规的几何公差。

塞规　　　$T＝0.004\,2$ mm　　　$Z＝0.005\,4$ mm　　　$T/2＝0.002\,1$(几何公差)

卡规　　　$T＝0.003\,2$ mm　　　$Z＝0.003\,8$ mm　　　$T/2＝0.001\,6$ mm(几何公差)

(3) 绘制量规公差带图,如图 6 - 4 所示。

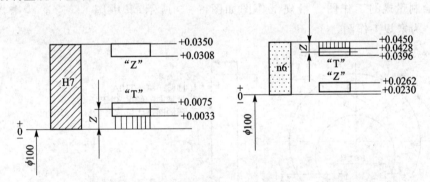

图 6 - 4　$\phi 100 \dfrac{H7}{n6}$ 孔与轴用工作量规的公差带图

(4) 计算工作量规的极限偏差:

① $\phi 100 H7$ 孔用塞规:

通规(T)　上极限偏差＝EI＋Z＋T/2＝0＋0.005 4 mm＋0.002 1 mm＝＋0.007 5 mm

　　　　　下极限偏差＝EI＋Z－T/2＝0＋0.005 4 mm－0.002 1 mm＝＋0.003 3 mm

　　　　　磨损极限＝EI＝0

止规(Z)　上极限偏差＝ES＝＋0.035 mm

　　　　　下极限偏差＝ES－T＝＋0.035 mm－0.004 2 mm＝＋0.030 8 mm

② $\phi 100 n6$ 轴用卡规:

$\qquad$通规(T)　上极限偏差$=$es$-Z+T/2=0.045$ mm$-0.003\,8$ mm$+0.001\,6$ mm$=$

$\qquad\qquad\qquad\qquad +0.042\,8$ mm

$\qquad\qquad$下极限偏差$=$es$-Z-T/2=0.045$ mm$-0.003\,8$ mm$-0.001\,6$ mm$=$

$\qquad\qquad\qquad\qquad +0.039\,6$ mm

$\qquad\qquad$磨损极限$=$es$=+0.045$ mm

$\quad$止规(Z)　上极限偏差$=$ei$+T=+0.023$ mm$+0.003\,2$ mm$=+0.026\,2$ mm

$\qquad\qquad$下极限偏差$=$ei$=+0.023$ mm

（5）计算量规工作尺寸，列表如下：

被检工件	量规及代号		量规公称尺寸 /mm	量规极限尺寸/mm		量规工作尺寸 /mm	通规磨损极限 尺寸/mm
				上极限尺寸	下极限尺寸		
$\phi100$	塞规	T	$\phi100$	$\phi100.007\,5$	$\phi100.003\,3$	$\phi100^{+0.007\,5}_{+0.003\,3}$	$\phi100$
		Z	$\phi100$	$\phi100.035$	$\phi100.030\,8$	$100^{+0.035\,0}_{+0.030\,8}$	
$\phi100$	卡规	T	$\phi100$	$\phi100.042\,8$	$\phi100.039\,2$	$\phi100^{+0.042\,8}_{+0.039\,6}$	$\phi100.045$
		Z	$\phi100$	$\phi100.026\,2$	$\phi100.023\,0$	$\phi100^{+0.026\,2}_{+0.023\,0}$	

$\quad$（6）选择量规的结构形式。按表 6-2 推荐孔用通规结构形式为三牙锁紧式非全形塞规（测头）和非全形塞规，即孔用量规为全形塞规与非全形塞规；轴用通规为圆柱环规和单头双极限卡规，考虑到轴较长，为便于在加工中检验，通规设计为卡规 。

$\quad$（7）确定量规几何公差与表面粗糙度。卡规的几何公差为测量面的平行度，$t=0.001\,6$ mm；塞规为圆柱度，$t=0.002\,1$ mm；工作表面的粗糙度为 $Ra=0.05\ \mu m$。

$\quad$（8）绘制量规的工作图。量规工作图如图 6-5 所示，其中图 6-5(a)为卡规工作图，图 6-5(b)为塞规工作图。

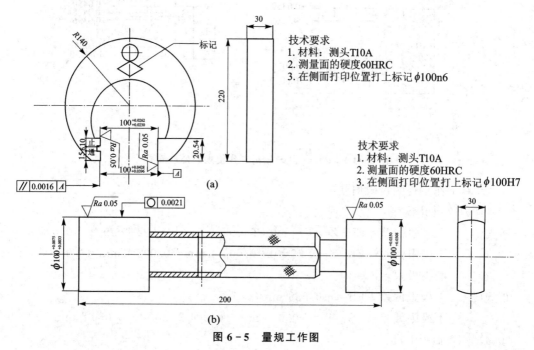

图 6-5　量规工作图

第 7 章　典型零件的公差配合与测量

【学习目的与要求】

1. 通过本章的学习,熟悉平键和花键的种类、特点及使用要求;掌握平键和花键的主要几何参数和配合特点、矩形花键定心方式的特点;能够选择平键和矩形花键结合的尺寸公差、几何公差和表面粗糙度,并能在图样上正确标注;会选择键与花键的测量方法。

2. 熟悉螺纹的分类、普通螺纹的基本牙型及基本几何参数等;掌握普通螺纹主要几何参数误差对螺纹互换性的影响;掌握螺纹的作用中径、可装配性条件与螺纹的合格条件;会依据螺纹使用要求选择螺纹公差带,会使用螺纹公差表,会解释螺纹精度的标注。

3. 掌握滚动轴承的精度等级及应用;熟悉滚动轴承内、外径的公差及其配合特点;会选择滚动轴承与轴、与外壳孔的配合,轴与外壳孔的几何公差、表面粗糙度,并能在图面上正确标注。

7.1　平键、花键连接的公差配合与测量

7.1.1　概　述

键和花键连接广泛用于轴和轴上传动件(如齿轮、链轮、带轮、联轴器、手轮等)之间的可拆卸连接,用以传递转矩,实现轴与轴上传动件的周向定位与轴向导向,在机械制造中应用非常广泛。

键又称单键,根据其结构形式和功能要求不同,可分为平键、半圆键、楔形键等。花键根据键齿形状不同,可分为矩形花键、渐开线花键和三角形花键等,和单键相比较,花键强度高、承载能力强、定心精度高,但其加工工艺复杂。单键与花键的形式、尺寸、精度与配合均已标准化,有相应的国家标准。本节主要介绍平键与矩形花键的公差与配合。

键与花键连接的使用要求:

① 键连接要有较高的定心精度。平键连接通过键侧面的接触,形成形状锁合,所以键侧面的形状锁合不能破坏轴与轮毂之间的定心精度;花键连接经常用于有轴向往复运动的场合,所以键配合不应造成花键运动的灵活性下降。

② 传递转矩可靠。键连接是通过键侧面的接触来传递转矩的,所以键侧面接触精度要高,为键连接的主要配合。配合间隙既不能太小,导致对定心精度的破坏,同时配合间隙也不能太大,以致键的侧面接触精度下降,影响传递载荷的可靠性,造成反向转动的瞬时冲击。键高与键长的配合为不重要的配合,在键高方向上有较大间隙,以保证键连接装配的顺利性。

③ 当用于轴与轮毂等有相对移动的配合时,键要保证运动平稳、可靠。

7.1.2　平键连接的公差与配合

1. 平键、键槽尺寸与极限偏差

平键连接的剖面尺寸如图 7-1 所示。平键连接是以键宽度 b 配合为键连接的主要配合,

国家标准《平键　键槽的剖面尺寸》(GB/T 1095—2003)对键和键槽宽度 b 规定较小的公差。键的高度 h、长度 L,轴槽深度 t_1、轮毂槽深度 t_2 和键槽长度等为非配合尺寸,规定较大的公差,键槽长度公差带为 H14,具体数值如表 7-1 所列。

表 7-1　平键键槽的剖面尺寸及极限偏差(摘自 GB/T 1095—2003)　　　　mm

键尺寸 $b×h$	键槽										
	宽度 b						深 度				
	基本尺寸	极限偏差					轴 t_1		轴 t_2		半径 r
		正常联结		紧密联结	松联结		基本尺寸	极限偏差	基本尺寸	极限偏差	min max
		轴 N9	毂 JS9	轴和毂 P9	轴 H9	毂 D10					
4×4	4	0 −0.030	±0.015	−0.012 −0.042	+0.030 0	+0.078 +0.030	2.5	+0.1 0	1.8	+0.1 0	0.16 0.25
5×5	5						3.0		2.3		
6×6	6						3.5		2.8		
8×7	8	0 −0.036	±0.018	−0.015 −0.051	+0.036 0	+0.098 +0.040	4.0	+0.2 0	3.3	+0.2 0	
10×8	10						5.0		3.3		
12×8	12	0 −0.043	±0.021 5	−0.018 −0.061	+0.043 0	+0.120 +0.050	5.0		3.3		0.25 0.40
14×9	14						5.5		3.8		
16×10	16						6.0		4.3		
18×11	18						7.0		4.4		
20×12	20	0 −0.052	±0.026	−0.022 −0.074	+0.052 0	+0.149 +0.065	7.5		4.9		0.40 0.60
22×14	22						9.0		5.4		
25×14	25						9.0		5.4		
28×16	28						10.0		6.4		
32×18	32	0 −0.062	±0.031	−0.026 −0.088	+0.062 0	+0.180 +0.080	11.0	+0.3 0	7.4	+0.3 0	0.70 1.00
36×22	36						12.0		8.4		
40×22	40						13.0		9.4		
45×25	45						15.0		10.4		
50×28	50						17.0		11.4		

国家标准规定键宽度 b 公差带为 h8,键高度 h 公差带为 h11,键长度 L 公差带为 h14。

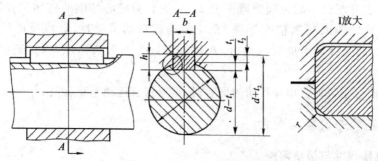

图 7-1　平键连接的几何参数

2. 平键连接配合与选择

平键分为普通平键和导向平键两种,前者用于固定连接,后者用于导向连接。

平键连接中的键用型钢制造,是标准件。键宽与键槽宽的配合中,键宽相当于"轴",键槽宽相当于"孔"。键的两侧面同时与轴和轮毂两个零件的键槽配合,一般情况下,键与轴槽配合较紧,键与轮毂槽配合较松,相当于一个轴与两个孔配合,且配合性质又不相同,所以键连接采用基轴制。

国家标准对键宽只规定了一种公差带 h8,为满足各种不同配合性质的要求,对轴槽规定了 H9、N9、P9,轮毂槽宽度规定了 D10、JS9、P9 各三种公差带。规定了三种不同性质的配合,分别为松连接、正常连接和紧密连接。其配合公差带如图 7-2 所示。三种配合的应用场合如表 7-2 所列。

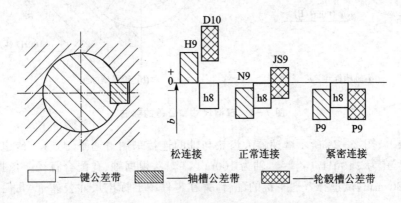

图 7-2　键宽与键槽宽的公差带

表 7-2　平键连接的三种配合及其应用

配合种类	键宽 b 的公差带			配合性质及适用场合
	键	轴槽	轮毂槽	
正常连接	h8	N9	JS9	正常连接装配时,键在轴槽上固定,轮毂沿着键侧面套在轴上,用于传递载荷不大的场合
松连接	h8	H9	D10	松连接用于导向平键,可使轮毂在轴上移动。一般情况下平键用紧固螺钉固定到轴槽上
紧密连接	h8	P9	P9	紧密连接用于传递载荷较大、承受冲击、交变载荷的场合;紧密连接的键在轴槽中和轮毂槽中可靠的固定

3. 平键连接的几何公差、表面粗糙度及图样标注

平键连接还要考虑几何误差和表面粗糙度对连接性能的影响。为保证键宽与键槽宽之间有足够的接触面积和避免装配困难,应分别规定轴槽对轴的轴线、轮毂槽对孔的轴线的对称度公差。根据不同的使用要求,一般可按 GB/T 1184—1996 中对称度公差的 7~9 级选用。轴槽和轮毂槽两侧面的粗糙度参数 Ra 为 1.6~3.2 μm,轴槽和轮毂槽底面的粗糙度参数 Ra 为 6.3 μm。

轴槽和轮毂槽的剖面尺寸、几何公差及表面粗糙度在图样上的标注如图 7-3 所示。考虑到测量方便,在工作图中,轴槽深用"$d-t_1$"标注,其极限偏差与 t_1 相反;轮毂槽深 t_2 用"$d+t_2$"标注,其极限偏差与 t_2 相同。

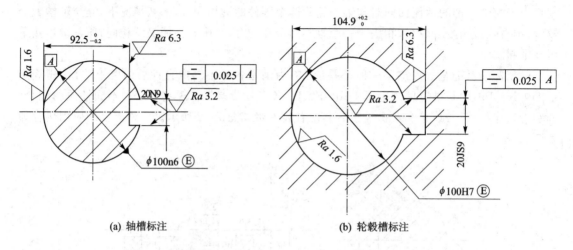

(a) 轴槽标注　　　　　　　　　　　　　　(b) 轮毂槽标注

图 7-3　键槽尺寸和公差的标注

[例 7-1]　图 2-29 所示减速器大齿轮与轴的连接采用普通平键连接,传递载荷为中等且稍有冲击。孔为 $\phi100\text{H7}(^{+0.035}_{0})$,轴为 $100\text{n6}(^{+0.045}_{+0.023})$,根据轴、孔配合直径并依据强度计算,键宽尺寸为 20 mm,试选择普通平键的配合,并在零件图上标出尺寸公差带、几何公差和表面粗糙度。

解

① 尺寸公差与配合。

配合选用:依据孔轴连接传递载荷为中等、无相对运动、冲击性不大,查表 7-2 选取正常连接,键与轴槽配合为 $\dfrac{\text{N9}}{\text{h8}}$,键与轮毂槽的配合为 $\dfrac{\text{JS9}}{\text{h8}}$。

轴槽:查表 7-1,$b=20^{\ 0}_{-0.052}$,$t_1=7.5^{+0.2}_{\ 0}$,所以 $d-t_1=92.5^{\ 0}_{-0.2}$。轴槽长(L)为 H14。

轮毂槽:查表 7-1,$b=20\pm0.026$,$t_2=4.9^{+0.2}_{\ 0}$,所以 $d+t_2=104.9^{+0.2}_{\ 0}$。

② 表面粗糙度:键槽两侧面取 $Ra=3.2\ \mu\text{m}$,轴槽和轮毂槽底面取 $Ra=6.3\ \mu\text{m}$。

③ 几何公差:几何公差特征项目为键槽的对称度,基准是轴线,公差等级选 8 级,主参数为键槽宽度 20 mm,公差值为 0.025 mm。

④ 标注方法:轴槽和轮毂槽的剖面尺寸、几何公差及表面粗糙度的标注如图 7-3 所示。

7.1.3　矩形花键连接的公差配合与测量

花键连接是由内花键(花键孔)和外花键(花键轴)两个零件组成。花键连接与平键连接相比,具有导向性好和定心精度高等优点。同时,由于键数目多,键与轴、键与轮毂制成一体,所以轴和轮毂之间传递载荷较大。花键连接多用于传递较大转矩和配合件间有轴向相对移动的场合,在机械制造中有着广泛的应用。

1. 矩形花键的主要参数和定心方式

1）矩形花键的主要参数

国家标准《矩形花键尺寸、公差和检测》(GB/T 1144—2001)规定了矩形花键主要参数有大径 D、小径 d 和键宽(键槽宽)B。每一个键的两侧面是相互平行的,如图 7-4 所示。

为了便于加工和测量,国家标准规定键数为偶数,有 6,8,10 三种。按其承载能力,矩形花键规定了轻、中两个系列。轻系列的键高尺寸较小,承载能力较低;中系列的键高尺寸较大,承载能力较强。

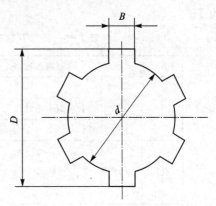

图 7-4　矩形花键的主要尺寸

2）定心方式

矩形花键连接有三个主要配合要素,即大径 D、小径 d、键宽(键槽宽)B。在制造时要使大径、小径、键宽(键槽宽)都同时有较高的配合精度非常困难,也没有必要。因此,根据不同的使用要求,花键的三个结合面中只能选取其中一个来确定内、外花键的配合精度,以保证花键的精密定心。确定配合精度的表面称为定心表面,每个结合面都可作为定心表面,因此矩形花键连接有三种定心方式:小径 d 定心、大径 D 定心、键侧 B 定心,如图 7-5 所示。GB/T 1144—2001 规定采用小径 d 定心,因此,内、外花键的小径 d 均有较高的精度,而大径 D 通常为非配合尺寸,公差等级较低,为较大的间隙配合,以保证它们不接触。键和键槽的侧面虽然也是非定心结合面,但因它们要传递转矩和起导向作用,所以它们的配合具有足够的精度。

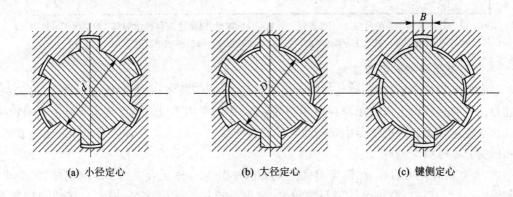

(a) 小径定心　　　　　　　(b) 大径定心　　　　　　　(c) 键侧定心

图 7-5　矩形花键连接定心方式

随着现代工业对内、外花键的机械强度、硬度和耐磨性要求不断提高,内、外花键表面一般都要求热处理(淬硬 40HRC 以上),热处理(淬硬)后产生的变形,内花键的小径可通过磨孔进行修正,而大径和键宽的变形则难于修正;外花键小径、键宽可采用成形磨削来修正,大径用外圆磨削修正,所以采用小径定心可使淬硬花键的定心表面获得较高的尺寸精度、几何精度和表面粗糙度,保证了花键连接的强度、使用寿命和有较高的定心精度。

2. 矩形花键连接的公差配合与选择

1）内、外花键的尺寸公差与配合

矩形花键连接按定心直径 d、键宽 B 尺寸公差等级分为一般用、精密传动用两类,精密传动用公差等级高于一般用的公差等级,如表 7 - 3 所列。为减少专用刀具、量具的数目(如拉刀、量规),花键连接采用基孔制配合。但对内花键的键宽规定两种公差带,对拉削后不需要热处理的内花键键宽,一般用公差带为 H9、精密传动公差带为 H7;需要热处理的内花键,由于键槽宽度的变形不易修正,为补偿热处理后的变形,一般用公差带为 H11、精密传动公差带为 H9。

表 7 - 3 矩形花键的尺寸公差带 (摘自 GB/T 1144—2001)

内花键				外花键			装配形式
d	D	B		d	D	B	
		拉削后不热处理	拉削后热处理				
一般用							
H7	H10	H9	H11	f7		d10	滑动
				g7	a11	f9	紧滑动
				h7		h10	固定
精密传动用							
H5	H10	H7,H9		f5		d8	滑动
				g5		f7	紧滑动
				h5		h8	固定
H6				f6	a11	d8	滑动
				g6		f7	紧滑动
				h6		h8	固定

注:① 精密传动用的内花键,当需要控制键侧配合间隙时,键槽宽 B 可选用 H7,一般情况下可选用 H9。
② 小径 d 的公差为 H6 或 H7 的内花键,允许与提高一级的外花键配合。

2) 矩形花键公差配合的选用

精密传动用定心精度高,传动转矩大而且平稳,多用于精密、重要的传动,如精密机床主轴变速箱或 6 级精度以上齿轮用花键副等;一般传动用则常用于定心精度要求不高的普通机床、拖拉机变速箱以及各种减速器中轴与齿轮的花键连接。一般情况下,内、外花键的定心直径 d 取相同的公差等级。

内、外花键按定心直径 d、键宽 B 配合间隙大小分为三种配合类型:滑动连接、紧滑动连接和固定连接。其中,滑动连接的间隙较大,紧滑动连接的间隙次之,固定连接的间隙最小。由于几何误差的影响,相对于光滑圆柱体的同名配合略紧。

花键的配合类型可根据使用条件来选取,若内、外花键在工作中只传递转矩无相对轴向移动要求时,一般选用配合间隙最小的固定连接;若除传递转矩外,内、外花键之间还有相对轴向移动时,应选用滑动或紧滑动连接;移动频率高,移动距离长时,则应选用配合间隙较大的滑动连接,以保证运动灵活及配合面间有足够的润滑油层;若移动时定心精度要求高,传递转矩大或经常有反向转动时,应选用配合间隙较小的紧滑动连接,以减小冲击与空程,并使键侧表面应力分布均匀。表 7 - 4 列出了几种配合的应用情况,可供设计时参考。

表 7 - 4 矩形花键配合应用

应 用	固定连接			滑动连接	
	小径配合	特征与应用		小径配合	特征与应用
精密传动用	H5/h5	紧固程度较高,可传递较大转矩		H5/g5	可滑动程度较低,定心精度高,传递转矩大
	H6/h6	传递中等转矩		H6/f6	可滑动程度中等,定心精度高,传递中等转矩
一般用	H7/h7	紧固程度较低,传递转矩较小,可经常拆卸		H7/f7	移动频率高,移动长度大,定心精度要求不高

3. 矩形花键连接的几何公差、表面粗糙度及图样的标注

1) 矩形花键连接的几何公差和表面粗糙度

内、外花键加工时,不可避免地会产生几何误差。为了避免装配困难,使键侧和键槽侧面受力均匀,应控制花键在圆周上的分度误差,故规定位置度公差或对称度公差,如表 7 - 5 所列。几何公差的标注如图 7 - 7 和图 7 - 8 所示。

表 7 - 5 花键位置度公差 t_1 和对称度公差 t_2(摘自 GB/T 1144—2001)   mm

	键(键槽)B		3	3.5~6	7~10	12~18
t_1	键槽宽		0.010	0.015	0.020	0.025
	键宽	滑动、固定	0.010	0.015	0.020	0.025
		紧滑动	0.006	0.010	0.013	0.016
t_2	一般用		0.010	0.012	0.015	0.018
	精密传动用		0.006	0.008	0.009	0.011

国家标准对矩形花键的几何公差作了如下规定:

① 小径 d 尺寸公差遵守包容原则。因为小径是矩形花键连接的定心尺寸,必须保证其配合性质。

② 在大批量生产条件下,采用花键综合量规来检验,故需遵守最大实体要求,对键和键槽规定位置度公差,如图 7 - 7 所示。

③ 在单件、小批量生产条件下,遵守独立原则。对键(键槽)宽规定对称度公差。

④ 对较长的花键,可以根据产品的性能,自行规定键(键槽)侧面对小径 d 轴线的平行度公差。

矩形花键各结合面的表面粗糙度参数如表 7 - 6 所列。

表 7 - 6 矩形花键表面粗糙度推荐值 μm

加工表面	内花键	外花键
	Ra 不大于	
大径	6.3	3.2
小径	0.8	0.8
键侧	3.2	0.8

2) 矩形花键在图样上的标注

国家标准 GB/T 1144—2001 规定,矩形花键的标注代号按顺序表示为:键数 N×小径 d×大径 D×键(键槽)宽 B,其各自的公差带代号或配合代号标注于各公称尺寸之后。

[**例 7 - 2**] 某矩形花键连接,键数 $N=6$,$d=23$ mm,配合为 H7/f7;大径 $D=26$ mm,配

合为 H10/a11;键(键槽)宽 $B=6$ mm,配合为 H11/d10。标注如下:

花键规格:按 $N×d×D×B$ 标注方式成 $6×23×26×6$

花键副:标注花键规格和配合代号 $6×23\dfrac{H7}{f7}×26\dfrac{H10}{a11}×6\dfrac{H11}{d10}$

内花键:$6×23H7×26H10×6H11$

外花键:$6×23f7×26a11×6d10$

在图样上的标注,如图 7-6 所示。

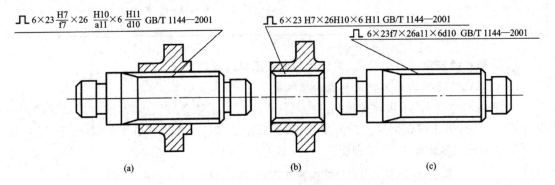

图 7-6　矩形花键的标注

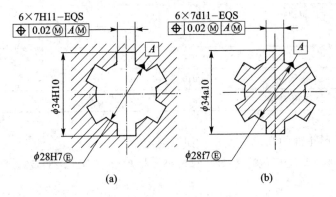

图 7-7　花键位置度公差标注

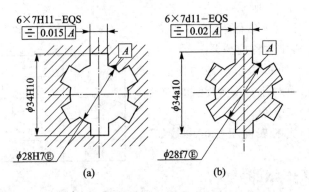

图 7-8　花键对称度公差标注

7.1.4　键与花键测量

1. 平键的测量

对于平键连接,需要检测的项目有键宽、轴槽和轮毂槽的宽度、深度及槽的对称度。

（1）尺寸检测

在单件、小批量生产中,键和键槽的尺寸均可用游标卡尺、千分尺等普通计量器具来测量。在大批量、大量生产中,则可用量块或极限量规来检测,如图 7-9 所示。

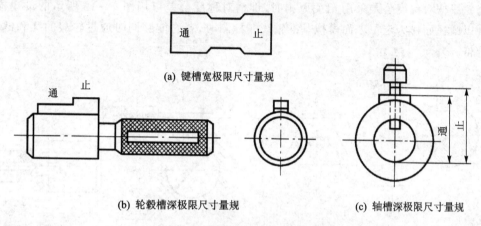

(a) 键槽宽极限尺寸量规

(b) 轮毂槽深极限尺寸量规　　　　(c) 轴槽深极限尺寸量规

图 7-9　键槽尺寸检测的极限量规

（2）对称度误差检测

当对称度公差遵守独立原则,且为单件、小批量生产时用普通计量器具来测量。常用的测量方法如图 7-10 所示。工件 1 的被测键槽中心平面和基准轴线用定位块 2（或量块）和 V 型架 2 模拟体现。先转动 V 形架上的工件,以调整定位块的位置,使其沿径向与平板 4 平行,然后用指示表在键槽的一端截面（如图中 $A—A$ 面）内测量定位块表面 P 到平板的距离 h_{AP},将工件翻转 $180°$,重复上述步骤,测得定位块表面 Q 到平面的距离 h_{AQ},P、Q 两面对应点的读数差为 $a = h_{AP} - h_{AQ}$,则该截面的对称度误差为

$$f_1 = \frac{at}{d-t}$$

式中,d 为轴直径;t 为轴键槽深度。

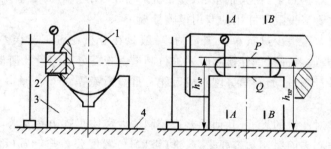

1—工件;2—定位块;3—V 形块;4—平板

图 7-10　键槽对称度误差测量

再沿键的长度方向测量,在长度方向 A、B 两点的最大差值为

$$f_2 = |h_{AP} - h_{BP}|$$

取 f_1、f_2 中的最大值作为该键的对称度误差。

在大批量、大量生产或对称度公差采用相关原则时,采用专用量规检测。

当轴槽对称度公差采用相关原则时,键槽对称度公差可采用图 7-11 所示的量规进行检验。该量规以其 V 形表面作为定位表面,模拟基准轴线(不受轴实际组成要素变化的影响)。检测时,若 V 形表面与轴表面接触,量杆能进入键槽,则表示合格。

当轮毂槽对称度公差采用相关原则时,键槽对称度公差可用图 7-12 所示的量规检验。该量规以圆柱面作为定位表面模拟基准轴线。检测时,若它能够同时通过轮毂的孔和键槽则表示合格。

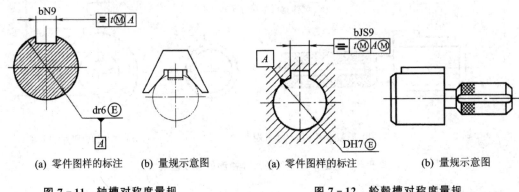

(a) 零件图样的标注　　(b) 量规示意图

图 7-11　轴槽对称度量规

(a) 零件图样的标注　　(b) 量规示意图

图 7-12　轮毂槽对称度量规

2. 花键的测量

花键的检测分为单项检测和综合检测两种。

(1) 单项检测

单项检测是对花键的小径、大径、键宽(键槽宽)的尺寸和位置误差分别测量或检验。当花键小径定心表面采用包容要求,各键(键槽)的对称度公差及花键各部位均遵守独立原则时,一般应采用单项检测。

采用单项检测时,小径尺寸采用光滑极限量规检验。大径、键宽的尺寸在单件、小批量生产时使用普通计量器具测量,在大批量、大量的生产中,可用专用极限量规来检验。图 7-13 所示是检验花键各要素极限尺寸用的专用极限量规。

花键的位置误差是很少进行单项测量的,一般只在分析花键工艺误差,如在分析花键刀具、花键量规的误差或者进行首件检测时才进行测量。若需分项测量几何误差时,也都是使用普通的计量器具进行测量,如光学分度头或万能工具显微镜等。

(2) 综合测量

综合检验就是对花键的尺寸、几何误差按控制最大实体实效边界要求,用综合量规进行检验。当花键小径定心表面采用包容要求,各键(键槽)位置度公差与键宽(键槽宽)的尺寸公差关系采用最大实体要求,且该位置度公差与小径定心表面(基准)尺寸公差的关系也采用最大实体要求时,应采用综合检测。

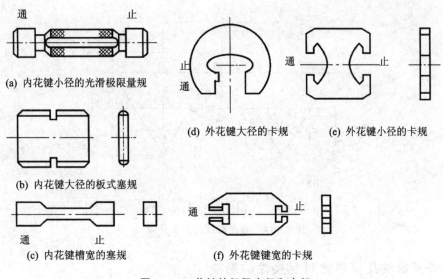

(a) 内花键小径的光滑极限量规

(d) 外花键大径的卡规　　　　(e) 外花键小径的卡规

(b) 内花键大径的板式塞规

(c) 内花键槽宽的塞规　　　　(f) 外花键键宽的卡规

图 7-13　花键的极限塞规和卡规

7.2　普通螺纹连接的公差配合与测量

7.2.1　概　述

1. 螺纹的种类和使用要求

螺纹是在圆柱、圆锥面上,沿着螺旋线制成有确定牙型的连续凸起。按牙型的形状可分为三角形螺纹、梯形螺纹、锯齿形螺纹、矩形螺纹等。螺纹连接是利用螺纹零件构成的可拆连接,在机械制造中应用十分广泛。常用螺纹按用途分为普通螺纹、传动螺纹和紧密螺纹。

① 普通螺纹。又称紧固螺纹,其牙型为三角形,主要用于紧固和连接零件。其使用要求主要是可旋合性和连接的可靠性。

可旋合性是指不需要很大外力就能够使内、外螺纹在规定的旋合长度上旋合。

连接可靠性是指相互旋合的内外螺纹,在旋合长度上牙面接触紧密,且在使用中有足够的结合强度。

② 传动螺纹。它主要通过螺杆和螺母的旋合传递运动和动力,如机床中丝杠螺母副、量仪中测微螺旋副等。牙型主要为梯形、锯齿形、矩形和三角形等。其使用要求是传递运动和动力准确、可靠,有一定的间隙,以便传动时储存润滑油。

③ 紧密螺纹。又称密封螺纹,主要用于水、油、气的密封,如管道连接螺纹。这类螺纹结合应具有一定的过盈,以保证具有足够的连接强度和密封性。

本节主要介绍公制普通螺纹的公差与配合。

2. 普通螺纹的基本牙型

普通螺纹的基本牙型是指螺纹在轴向剖面内,截去原始三角形的顶部和底部所形成的螺纹牙型。该牙型上的尺寸为螺纹的公称尺寸,如图 7-14 所示。

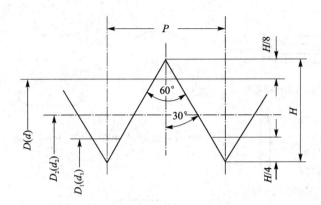

D、d—大径;D_2、d_2—中径;D_1、d_1—小径;P—螺距;H—原始三角形高度;α—牙型角

图 7 - 14　普通螺纹的基本牙型

7.2.2　普通螺纹几何参数对互换性的影响

普通螺纹的互换性要求是相互旋合的螺纹具有良好的旋合性及足够的连接强度。影响螺纹互换性的几何参数有螺纹的大径(D、d)、中径(D_2、d_2)、小径(D_1、d_1)、螺距 P 和牙型半角 $\alpha/2$。在实际加工中,通常使内螺纹的大、小径尺寸分别大于相旋合的外螺纹的大、小径尺寸,也就是在螺纹的大径和小径处有间隙,不会影响螺纹的可旋合性。因此,影响螺纹互换性的主要因素是螺距误差、牙型半角误差和中径偏差。

1. 螺纹几何参数误差对螺纹互换性的影响

(1) 螺距误差对互换性的影响

普通螺纹的螺距误差分为两种:一种是单个螺距误差,另一种是螺距累积误差。影响螺纹可旋合性的主要是螺距累积误差,故本节只讨论螺距累积误差对可旋合性的影响。

螺距误差是指两相邻同侧牙面在轴线方向上的实际距离与理论距离之差,螺距累积误差是指任意两同侧牙面在螺纹轴线方面上的实际距离与理论距离之差。螺距累积误差导致螺纹旋合时的扣数减少,降低螺纹的连接强度和可旋合性。在图 7 - 15 中有螺距误差的外螺纹与具有理论牙型半角、螺距、中径的内螺纹旋合时,在牙侧产生装配干涉,并且随着旋合牙扣数的增多,干涉增大。为保证与这样的外螺纹自由的旋合,应使与其旋合的具有理论牙型半角、螺距的内螺纹的中径增大一个 f_P,f_P 为螺距误差的中径补偿量。

在三角形 GKD 中,有

$$\frac{1}{2}f_P = \frac{\frac{1}{2}\Delta P_\Sigma}{\tan\frac{\alpha}{2}}$$

$$f_P = \Delta P_\Sigma \times \cot\frac{\alpha}{2}$$

当 $\alpha = 60°$时,有

$$f_P = 1.732\Delta P_\Sigma$$

(2) 牙型半角误差对螺纹可旋合性的影响

牙型半角误差是实际牙型半角与理论牙型半角之差,螺纹半角误差使内外螺纹旋合时在

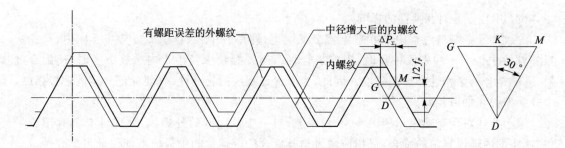

图 7 - 15　螺距误差对可旋合性的影响

牙顶侧面或牙底侧面产生旋合干涉,影响螺纹的连接强度与可旋合性。半角误差分为多种情况,本节只对 $\Delta\alpha_{外}/2 - \Delta\alpha_{内}/2 \leqslant 0$ 的情况进行分析。

在图 7 - 16(a)中,外螺纹只存在着牙型半角误差,与其旋合的内螺纹具有理论半角、中径与螺距,此时内外螺纹旋合在牙顶处产生装配干涉,为消除干涉,与其旋合的内螺纹在保持理论牙型半角、螺距情况下,中径增加一个量值 f_α。在三角形 EFD 中,依据正弦定理,有

$$EF = \frac{ED \times \sin\Delta\dfrac{\alpha}{2}}{\sin\left(180° - \dfrac{\alpha}{2}\right)}$$

$$ED = \frac{\dfrac{3}{8}H}{\cos\left(\dfrac{\alpha}{2} - \Delta\dfrac{\alpha}{2}\right)}$$

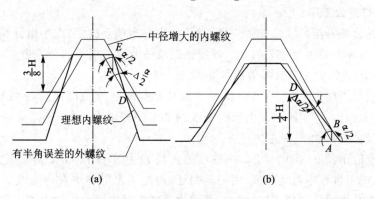

(a) (b)

图 7 - 16　牙型半角对可旋合性的影响

对三角螺纹 $\alpha/2 = 30°$,$\sin\Delta\dfrac{\alpha}{2} \approx \dfrac{\Delta\alpha}{2}$,$\cos\left(\dfrac{\alpha}{2} - \Delta\dfrac{\alpha}{2}\right) \approx \cos\dfrac{\alpha}{2}$ 代入上式中,得

$$1/2f_\alpha = 0.218P \times \frac{\Delta\alpha}{2}$$

$$f_\alpha = 0.436P \times \frac{\Delta\alpha}{2}$$

式中,f_α 单位是 μm;$\Delta\alpha$ 单位是“ ′ ”;螺距单位是 mm。

图 7 - 16(b)所示是 $\Delta\alpha_{外}/2 - \Delta\alpha_{内}/2 \geqslant 0$ 情况,请读者自行分析。

（3）中径误差对互换性的影响

螺纹中径在制造过程中不可避免会出现误差，即单一中径（D_{2a}、d_{2a}）与其公称中径之差。当外螺纹中径大于内螺纹中径时，影响旋合性。当外螺纹中径小于内螺纹中径时，使配合过松，影响结合的紧密性和连接强度。因此，为了保证螺纹的旋合性，又要保证一定的连接强度，中径误差必须加以控制。

综上所述对于有螺距累积误差、半角误差、单一中径误差的外螺纹，要保证与具有理论半角、螺距的内螺纹自由的旋合，只相应增大与其旋合的内螺纹的中径值就能保证可旋合性。

同理：要保证有螺距累积误差、半角误差、单一中径误差的内螺纹与具有理论半角、螺距的外螺纹自由的旋合，只相应地减少外螺纹的中径就可保证可旋合性。

2. 螺纹的作用中径与可旋合条件

决定螺纹旋合性的因素是：单一中径、螺距误差的中径补偿量、半角误差的中径补偿量形成的综合效应，这个综合效应用作用中径来表征。与实际外螺纹自由旋合的，且具有理论螺距、理论半角的最小内螺纹的中径，称为外螺纹的作用中径，用 d_{2m} 表示。与实际内螺纹自由旋合的，且具理论螺距、理论半角的最大外螺纹的中径，称为内螺纹的作用中径，用 D_{2m} 表示。

实际内外螺纹自由旋合的条件是：$D_{2m} \geqslant d_{2m}$。

3. 螺纹合格性条件

判断螺纹中径合格的条件应遵循泰勒原则，即

外螺纹：$d_{2m} \leqslant d_{2,max}$，$d_{2a} \geqslant d_{2,min}$；

内螺纹：$D_{2m} \geqslant D_{2,min}$，$D_{2a} \leqslant D_{2,max}$。

7.2.3 普通螺纹的公差与配合

1. 普通螺纹的公差带

普通螺纹的公差带与尺寸公差带一样，其位置由基本偏差决定，大小由标准公差决定。对于普通螺纹，国家标准 GB/T 197—2003 规定了螺纹的大、小、中径的公差带。

（1）螺纹公差带的大小和公差等级

螺纹的公差等级如表 7-7 所列。其中，6 级是基本级，3 级精度最高，9 级精度最低，各级公差值如表 7-8 和表 7-9 所列。由于内螺纹的加工比较困难，同一公差等级内螺纹中径公差比外螺纹中径公差大 32% 左右。

由于外螺纹的小径 d_1 与中径 d_2、内螺纹的大径 D 和中径 D_2 是由同一把刀具同时切削出的，其尺寸在加工过程中自然形成，由刀具保证，因此国家标准中对内螺纹的大径和外螺纹的小径均不规定具体的公差值，只规定内、外螺纹牙底实际轮廓的任何点均不能超过基本偏差所确定的最大实体牙型。

表 7-7 螺纹的公差等级

螺纹直径	公差等级	螺纹直径	公差等级
外螺纹中径 d_2	3、5、6、7、8、9	内螺纹中径 D_2	4、5、6、7、8
外螺纹大径 d	4、6、8	内螺纹小径 D_1	4、5、6、7、8

表 7-8　普通螺纹的基本偏差和顶径公差　　　　　　　　　　　　　　　　μm

螺距 P /mm	内螺纹基本偏差 EI		外螺纹的基本偏差 es				内螺纹小径公差 T_{D1}					外螺纹大径公差 T_d		
							公差等级					公差等级		
	G	H	e	f	g	h	4	5	6	7	8	4	6	8
1	+26	0	−60	−40	−26	0	150	190	236	300	375	112	180	280
1.25	+28	0	−63	−42	−28	0	170	212	265	335	425	132	212	335
1.5	+32	0	−67	−45	−32	0	190	236	300	375	475	150	236	375
1.75	+34	0	−71	−48	−34	0	212	265	335	425	530	170	265	425
2	+38	0	−71	−52	−38	0	236	300	375	475	600	180	280	450
2.5	+42	0	−80	−58	−42	0	280	355	450	560	710	212	335	530
3	+48	0	−85	−63	−48	0	315	400	500	630	800	236	375	600
3.5	+53	0	−90	−70	−53	0	355	450	560	710	900	265	425	670
4	+60	0	−95	−75	−60	0	375	475	600	750	950	300	475	750

表 7-9　普通螺纹的中径公差

公称直径 D/mm		螺距	内螺纹中径公差 T_{D2}					外螺纹中径公差 T_{d2}						
			公差等级					公差等级						
>	≤	P/mm	4	5	6	7	8	3	4	5	6	7	8	9
5.6	11.2	0.75	85	106	132	170	—	50	63	80	100	125	—	—
		1	95	118	150	190	236	56	71	90	112	140	180	224
		1.25	100	125	160	200	250	60	75	95	118	150	190	236
		1.5	112	140	180	224	280	67	85	106	132	170	212	265
11.2	22.4	1	100	125	160	200	250	60	75	95	118	150	190	236
		1.25	112	140	180	224	280	67	85	106	132	170	212	265
		1.5	118	150	190	236	300	71	90	112	140	180	224	280
		1.75	125	160	200	250	315	75	95	118	150	190	236	300
		2	132	170	212	265	335	80	100	125	160	200	250	315
		2.5	140	180	224	280	355	85	106	132	170	212	265	335
22.4	45	1	106	132	170	212	—	63	80	100	125	160	200	250
		1.5	125	160	200	250	315	75	95	118	150	190	236	300
		2	140	180	224	280	355	85	106	132	170	212	265	335
		3	170	212	265	335	425	100	125	160	200	250	315	400
		3.5	180	224	280	355	450	106	132	170	212	265	335	425
		4	190	236	300	375	475	112	140	180	224	280	355	450
		4.5	200	250	315	400	500	118	150	190	236	300	375	475

（2）普通螺纹公差带的位置和基本偏差

内、外螺纹的公差带位置如图7-17所示，螺纹公差带沿基本牙型分布。螺纹公差带相对于基本牙型的位置由基本偏差确定。

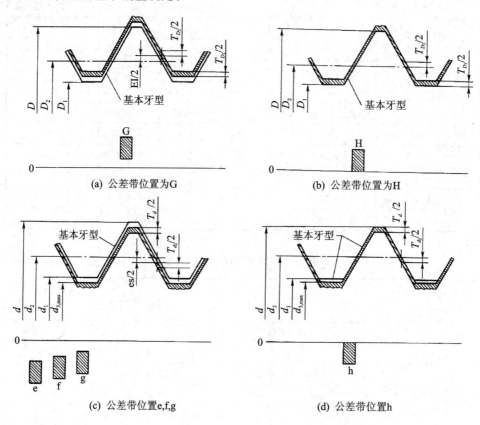

T_{D1}—内螺纹小径公差；T_{D2}—内螺纹中径公差；T_d—外螺纹大径公差；T_{d2}—外螺纹中径公差

图 7-17　内、外螺纹的公差带

国家标准中对内螺纹的中径、小径规定了两种基本偏差，其代号为 G、H，基本偏差为下极限偏差 EI，公差带分布在基本牙型的上方；对外螺纹中径、大径规定了四种基本偏差，其代号为 e、f、g、h，基本偏差为上极限偏差 es，公差带分布在基本牙型的下方。

H 和 h 的基本偏差为零，G 的基本偏差为正，e、f、g 的基本偏差为负，如表 7-8 所列。

任一螺纹的公差等级和基本偏差可以组成一个公差带，普通螺纹的公差带代号由表示公差等级的数字和基本偏差字母组成，标注为 6h、5G 等，与一般的尺寸公差带符号不同，其公差等级数字在前，基本偏差代号在后。

2. 普通螺纹旋合长度、螺纹公差精度及选用

（1）普通螺纹旋合长度及选用

为了满足普通螺纹不同使用性能的要求，国家标准规定了长、中、短三种旋合长度，分别用代号 L、N、S 表示，如表 7-10 所列。

旋合长度的选择，一般多用 N 组。仅当结构和强度上有特殊要求时，方可采用 S 组或 L 组。在满足使用要求的前提下应尽可能缩短旋合长度。旋合长度越长，不仅结构笨重，加工困难，而且由于螺距累积误差的增大，降低了承载能力，造成了螺牙强度和密封性的下降。

表 7 - 10 螺纹的旋合长度(摘自 GB/T 197—2003)　　　　mm

公称直径 D,d		螺距 P	旋合长度			
			S		N	
>	≤		≤	>	≤	>
5.6	11.2	0.5	1.6	1.6	4.7	4.7
		0.75	2.4	2.4	7.1	7.1
		1	2	2	9	9
		1.25	4	4	12	12
		1.5	5	5	15	15
11.2	22.4	0.5	1.8	1.8	5.4	5.4
		0.75	2.7	2.7	8.1	8.1
		1	3.8	3.8	11	11
		1.25	4.5	4.5	13	13
		1.5	5.6	5.6	16	16
		1.75	6	6	18	18
		2	8	8	24	24
		2.5	10	10	30	30

(2) 螺纹公差精度及其选用

对于同一公差带,旋合长度越长,螺纹加工精度越不容易保证,加工难度越大。国家标准将螺纹公差带与旋合长度组合,形成螺纹公差精度,同一公差精度中的螺纹具有相同的加工难度。普通螺纹公差精度有精密、中等和粗糙三级,其应用情况如下:

精密级:用于精密螺纹连接。要求配合性质稳定,配合间隙变动小,需要保证一定的定心精度的螺纹连接。

中等级:用于一般的螺纹连接。

粗糙级:用于不重要的螺纹连接,以及制造比较困难(如长盲孔的攻螺纹)或热轧棒上的螺纹。

实际选用时,还必须考虑螺纹的工作条件、尺寸大小、加工的难易程度、工艺性等因素。例如,当螺纹的承载较大,且为交变载荷或有较大的振动,则应选用精密级;对于小直径的螺纹,为了保证连接强度,也必须提高其连接精度;而对于加工难度较大的,虽是一般要求,此时也需降低其公差精度。

3. 螺纹配合的选用及表面粗糙度要求

螺纹配合通常选用基孔制配合。为了保证螺纹的接触高度,内外螺纹最好组成 H/g、H/h、G/h 的配合。这主要考虑以下几种情况:

① 为了保证内、外螺纹的可旋合性和内、外螺纹旋合的同轴度,并在牙侧有足够的接触高度,通常采用最小间隙为零的 H/h 配合。

② 对于需要易于拆卸的螺纹,可选择较小间隙 H/g、G/h 的配合,可保证装配效率。

③ 需要涂镀的螺纹,其基本偏差按涂镀厚度来确定。当镀层厚度为 10 μm 时,可选择基本偏差 g;当镀层厚度为 20 μm 时,可选择基本偏差 f;当镀层厚度为 30 μm 时,可选择基本偏差 e。当内、外螺纹都需要涂镀时,可选择 G/e、G/f 配合。

④ 在高温条件下工作的螺纹,可根据装配和工作时的温度来确定适当的间隙和相应的基本偏差,要留有间隙以防螺纹卡死。一般常用基本偏差 e,如汽车上火花塞 M14×1.25 的螺纹。温度相对较低时,可用基本偏差 g。

为了减少刀、量具的规格,标准推荐选用的公差带如表 7 - 11 和表 7 - 12 所列。对于大量生产的精制紧固件螺纹,推荐选用表中方括号中的公差带。

对于普通螺纹一般不规定几何公差,其几何误差不得超出螺纹轮廓公差带所限定的极限区域。仅对高精度螺纹规定了在旋合长度内的圆柱度、同轴度和垂直度等几何公差。

表 7 - 11　内螺纹选用公差带(摘自 GB/T 197—2003)

精　度	公差带位置 G			公差带位置 H		
	S	H	L	S	N	L
精　密	—	—	—	4H	5H	6H
中　等	(5G)	(6G)	(7G)	* 5H	[* 6H]	* 7H
粗　糙	—	(7G)	(8G)	—	7H	8H

表 7 - 12　外螺纹选用公差带(摘自 GB/T 197—2003)

精　度	公差带位置 e			公差带位置 f			公差带位置 g			公差带位置 h		
	S	N	L	S	N	L	S	N	L	S	N	L
精　密	—	—	—	—	—	—	(4g)	(5g4g)	(3h4h)	* 4h	(5h4h)	
中　等	—	* 6e	(7e6e)	—	* 6f	—	(5g6g)	[* 6g]	(7g6g)	(5h6h)	* 6h	(7h6h)
粗　糙	—	(8e)	(9e8e)	—	—	—	—	8g	(9g8g)	—	—	—

注:公差带优先选用顺序:带 * 号公差带,不带 * 号的公差带,圆括号内公差带尽量不用。

螺纹牙型表面粗糙度主要根据中径公差等级来确定。表 7 - 13 列出了螺纹牙侧表面粗糙度参数 Ra 的推荐值。

表 7 - 13　螺纹牙侧表面粗糙度参数 Ra 　　　　μm

工　件	螺纹中径公差等级		
	4,5	6,7	7~9
	Ra 不大于		
螺栓、螺钉、螺母	1.6	3.2	1.6~3.2
轴及套上的螺纹	0.8~1.6	1.6	3.2

4. 普通螺纹的标注

普通螺纹的标注由螺纹特征代号、公称直径、螺距、螺纹公差带代号和旋合长度代号组成,各代号之间用"-"隔开。

标注中,左旋螺纹需在螺纹代号后加注"左"或"LH",细牙螺纹需要标注出螺距。螺纹公差带代号包括中径和顶径公差带代号,两者相同时,可只标一个代号;两者代号不同时,前者为中径公差带代号,后者为顶径公差带代号。省略标注有中等旋合长度 N、右旋螺纹和粗牙螺距。

外螺纹标记示例:

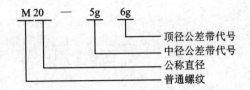

内螺纹标记示例：

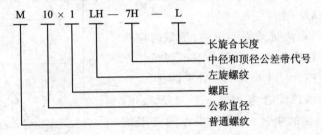

内、外螺纹装配在一起时，它们的公差带代号用斜线分开，左边为内螺纹公差带代号，右边为外螺纹公差带代号，例如：

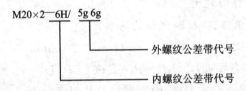

7.2.4　螺纹的测量

对于大量生产的普通螺纹通常用螺纹量规进行测量，用螺纹通规控制螺纹的作用中径和顶径，用止规控制螺纹的单一中径。对于单件和小批量生产进行单项测量，螺纹单项测量的常用方法有用螺纹千分尺测量中径和用三针法测量螺纹中径。图 7-18 所示是用螺纹千分尺测量螺纹单一中径。

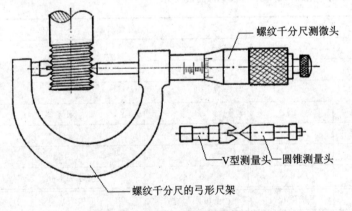

图 7-18　螺纹千分尺测量中径

螺纹千分尺测量
外螺纹中径
（视频时长：6 分
26 秒，约 40M）

三针测量是测量螺纹中径比较精确的间接测量方法。测量时先将三根经过高精度检定的直径相同的圆柱分别放在螺纹两侧的沟槽中，然后用机械比较仪、立式光学计、杠杆千分尺等测量出两侧圆柱外母线之间的长度 M 值，如图 7-19 所示。通过下面公式计算出被测螺纹的

实际中径值。公式为

$$d_2 = M - d_0 \left(1 + \frac{1}{\sin\frac{\alpha}{2}}\right) + \frac{P}{2}\left(\cot\frac{\alpha}{2}\right)$$

式中, d_0 为最佳三针直径; P 为螺纹螺距。

对于牙型角为 $60°$ 的三角形螺纹,计算公式为

$$d_2 = M - 3d_0 + 0.866P$$

为减小螺纹半角误差对测量结果的影响,测量时应选择最佳直径的三针,在实际工作中如果找不到最佳三针,可以选择与最佳三针尺寸接近的三针来测量。

[例 7 - 3] 一螺纹配合为 M20×2—6H/5g6g,试查表求出内、外螺纹的中径、大径和小径的极限偏差,并计算内、外螺纹的中径、小径和大径的极限尺寸。

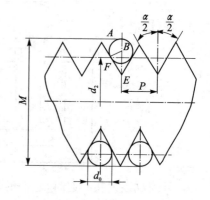

图 7 - 19 三针量法测量原理

解

本题用列表法将各计算值列出。

1) 确定内、外螺纹的中径、小径和大径的基本尺寸

已知公称直径为螺纹大径的基本尺寸,即 $D=d=20$ mm。

从普通螺纹各参数的关系知 $D_1=d_1=d-1.082\,5P$,$D_2=d_2=d-0.649\,5P$。

在实际工作中,可直接查有关表格,确定螺纹各几何参数值。

2) 确定内、外螺纹的极限偏差

内、外螺纹的极限偏差可以根据螺纹公称直径、螺距和内、外螺纹的公差带代号,由表 7 - 8、表 7 - 9 查出。具体如表 7 - 14 所列。

3) 计算内、外螺纹的极限尺寸

由内、外螺纹的各自公称尺寸及各极限偏差算出的极限尺寸,如表 7 - 14 所列。

表 7 - 14 M20×2—6H/5g6g 的极限尺寸

名　称		内螺纹		外螺纹	
公称尺寸	大径	$D=d=20$			
	中径	$D_2=d_2=18.701$			
	小径	$D_1=d_1=17.835$			
极限偏差		ES	EI	es	ei
表 7 - 8	大径	—	0	−0.038	−0.318
表 7 - 9	中径	0.212	0	−0.038	−0.163
表 7 - 8	小径	0.375	0	−0.038	按牙底形状
极限尺寸		上极限尺寸	下极限尺寸	上极限尺寸	下极限尺寸
大径		—	20	19.962	19.682
中径		18.913	18.701	18.663	18.538
小径		18.210	17.835	<17.797	牙底轮廓不超出 H/8 削平线

7.3　滚动轴承的公差与配合

7.3.1　概　述

　　滚动轴承是机器中用于支承轴的标准部件,一般成对使用,滚动轴承由外圈、内圈、滚动体(钢球或滚子)和保持架组成,如图 7-20 所示。与滑动轴承相比,具有摩擦小、润滑简单、选用和更换方便等优点。

　　滚动轴承按承受负荷的方向可分为:主要承受径向负荷的向心轴承(深沟球轴承);同时承受径向和轴向负荷的角接触球轴承;承受轴向负荷的推力轴承。

　　滚动轴承工作时,要求运转平稳、旋转精度高、噪声小、有合理的径向游隙。它的工作性能与使用寿命,不仅取决于轴承本身的制造精度,还和与之配合的外壳孔和轴的尺寸公差带、几何精度和表面粗糙度、安装正确与否等因素有关。

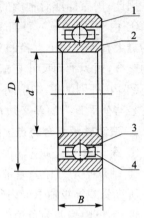

1—外圈;2—内圈;
3—滚动体;4—保持架
图 7-20　滚动轴承

7.3.2　滚动轴承的精度等级及应用

1. 滚动轴承的精度等级

　　滚动轴承的精度是按其外形尺寸公差和旋转精度分级的。外形尺寸公差是指成套轴承内径(d)、外径(D)和宽度尺寸(B)的公差;旋转精度是指成套轴承内圈径向跳动、外圈径向跳动、轴向跳动等。

　　国家标准《滚动轴承向心轴承公差》(GB/T 307.1—2005)规定向心轴承分为 P0、P6、P5、P4 和 P2 五级;圆锥滚子轴承分为 P0、P6x、P5 和 P4 四级;推力轴承分为 P0、P6、P5 和 P4 四级。其中,P0 级精度最低,P2 级精度最高。

2. 滚动轴承精度等级的应用

滚动轴承各级精度的应用情况如下:

　　P0 级——通常称为普通级,用于低、中速及旋转精度要求不高的一般旋转机构。它在机械中应用广泛,例如机床变速箱、进给箱、汽车、拖拉机变速箱轴承,普通电动机、水泵、压缩机、通用减速器等旋转机械的轴承等。

　　P6 级(圆锥滚子轴承为 6x 级)——用于转速较高、旋转精度要求较高的旋转机构。例如普通机床主轴的后轴承,精密机床变速箱轴承。

　　P5、P4 级——用于高速、高旋转精度的机构。例如精密机床主轴的轴承,精密仪器、仪表的主要轴承,航空发动机主轴轴承,高速离心机轴承。

　　P2 级——用于转速很高、旋转精度要求也很高的机构。例如齿轮机床、精密坐标镗床主轴的轴承,高精度仪器、仪表的主要轴承等。

7.3.3 滚动轴承的内、外径公差带

1. 滚动轴承的公差

滚动轴承是标准件,它的内圈内径 d(简称内径)和轴的配合为基孔制,而外圈外径 D(简称外径)和外壳孔的配合为基轴制。由于滚动轴承的内、外圈为薄壁零件,在制造和保管过程中容易产生变形。但当轴承内圈与轴颈、外圈与外壳孔配合后,这种变形又会得到一定的矫正。因此,国家标准对轴承的内、外径各规定了两种尺寸公差:

① 内、外圈的单一平面平均内(外)径偏差 $\Delta d_{mp}(\Delta D_{mp})$,即轴承内、外圈任意横截面内测得的最大直径与最小直径的平均值与公称直径的差必须在该极限偏差内,目的是用来控制轴承的配合,因为平均尺寸是配合时起作用的尺寸。

② 内、外圈的单一内(外)径偏差 $\Delta d_s(\Delta D_s)$,即轴承内、外圈任意横截面内最大直径、最小直径与公称直径的差必须在该极限偏差内,目的是为了限制变形量。

2. 滚动轴承配合特点

① 滚动轴承是薄壁零件,易于产生变形,并且这种变形在装配中易于矫正。

② 轴承平均直径公差带的上极限偏差等于零,下极限偏差为负值。

所有公差等级轴承的内径 d_{mp} 和外径 D_{mp} 的公差带均为单向制,而且统一采用上极限偏差为零,下极限偏差为负值的分布,如图 7-21 所示。这样分布公差带的目的是:

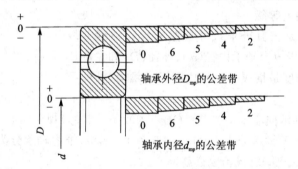

图 7-21 滚动轴承内、外圈公差带图

① 大多数的轴承内圈与轴一起旋转,配合为过盈配合,但过盈量又不能太大。如果轴承内圈公差带与基准孔相同,为保证配合有过盈,轴应选择过盈配合中的公差带,此时轴承内圈与轴配合的最大过盈较大,轴承装配后会使轴承内圈直径增大,使轴承的游隙减小,导致轴承的旋转精度下降,严重时会影响轴承的正常旋转。如选择过渡配合的公差带,有时又会产生间隙,使轴与内圈发生相对旋转,造成轴与内圈的不正常磨损。所以将轴承内圈的公差带布置在零线以下,选择轴的公差带为 j、js、k、m、n 时与轴承内圈的配合就形成了过盈率较大的紧过渡配合或是小过盈配合,并且配合的最大过盈不会影响轴承的旋转精度。

② 大多数的外圈与座孔相对静止,配合为小间隙配合或是小过盈配合。此时为保证轴承外圈在工作中磨损均匀,外圈应在滚动体摩擦力带动下能略有微量移动。所以其配合应是小间隙配合或过盈率较低的过渡配合。由于外圈的公差值较小,所以外圈与座孔的配合较同名的光滑圆柱体配合略紧。

7.3.4 滚动轴承的配合及选用

1. 滚动轴承的配合

国家标准《滚动轴承与轴和外壳孔的配合》(GB/T 275—1993)中,规定了与 P0 级和 P6 级滚动轴承内径配合的轴的 17 种公差带,规定了与轴承外径配合的外壳孔的 16 种公差带,如图 7 - 22 所示。

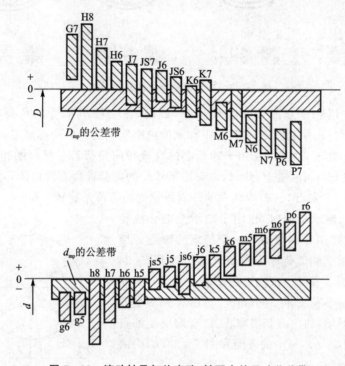

图 7 - 22 滚动轴承与外壳孔、轴配合的尺寸公差带

2. 滚动轴承配合的选择

滚动轴承配合的选择主要依据轴承承受负荷的类型、负荷的大小、结构形式及工作温度等因素。轴承配合选择应保证轴承旋转精度,防止内圈与轴、外圈与外壳孔在工作时发生较大的相对转动,并保证轴承工作时有正常的工作游隙。

本节所讲的轴承公差配合选择适用于 P0、P6、P6x 级精度的轴承,轴颈与座孔为钢及铸铁材料,孔与轴为实体和厚壁零件。对于其他精度等级的轴承配合选择可依据本章介绍的方法,参照各级轴承的使用说明书进行选择。

(1) 负荷类型及对配合的影响

1) 轴承工作时,作用轴承上的径向负荷有以下两种情况

① 作用在轴承上的合成径向负荷为一定值向量 F_0(如齿轮的作用力),该向量与该轴承的外圈或内圈相对静止,如图 7 - 23(a)、(b)所示。

② 作用在轴承上的合成径向负荷,是由一个与轴承套圈相对静止的定值向量 F_0 和一个较小的相对旋转负荷 F_1(如离心力)合成的,如图 7 - 23(c)、(d)所示。

2) 轴承套圈承受以下三种负荷

① 定向负荷。轴承旋转时,作用于轴承上的合成径向负荷若与某套圈相对静止,该负荷

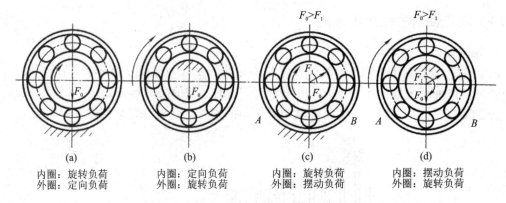

图 7 - 23　轴承套圈承受的负荷类型

始终方向不变地作用在该套圈的局部滚道上,此时,该套圈所承受的负荷称为定向负荷。图 7 - 23(a)中轴承的外圈和图 7 - 23(b)中轴承的内圈所承受的负荷都是定向负荷。

②　旋转负荷。轴承旋转时,作用于轴承上的合成径向负荷若与某套圈相对旋转,并顺次作用在该套圈的整个圆周滚道上,此时,该套圈所承受的负荷称为旋转负荷。图 7 - 23(a)、(c)中轴承的内圈和图 7 - 23(b)、(d)中轴承的外圈所承受的负荷是旋转负荷。

③　摆动负荷。轴承旋转时,作用于轴承上的合成径向负荷连续摆动地作用在该套圈的一个确定的滚道区域上,此时该套圈所承受的负荷称为摆动负荷。如图 7 - 24 所示,轴承受到定向负荷 F_0 和较小的旋转负荷 F_1 的同时作用,两者的合成负荷 F 将由小到大、再由大到小呈周期性在 $A'B'$ 弧内摆动,如此时套圈静止,该套圈所受的负荷为摆动负荷。图 7 - 23(c)中的外圈和图 7 - 23(d)中的内圈所受的负荷为摆负荷。

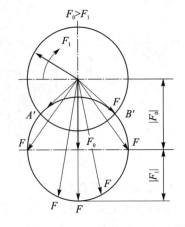

图 7 - 24　摆动负荷

3)　轴承套圈承受的负荷类型对配合的影响

当套圈受定向负荷时,其配合一般选得松些,甚至可有不大的间隙,以便在滚动体摩擦力矩的作用下,让套圈有可能产生微量移动,从而使滚道磨损均匀,提高轴承的使用寿命。一般选用过渡配合或极小间隙的间隙配合。

当套圈受旋转负荷时,为防止套圈在滚动体摩擦力带动下相对轴颈或外壳孔旋转,引起配合表面发热、磨损,配合应选得紧些,一般选用过盈量较小的过盈配合或过盈率较大的过渡配合。

当套圈受摆动负荷时,选择其配合的松紧程度,一般与受旋转负荷的配合相同或稍松些。

(2)　负荷大小及对配合的影响

《滚动轴承与轴和外壳的配合》(GB/T 275—1993)对向心轴承负荷的大小,用径向当量动负荷 P_r 与径向额定动负荷 C_r 的比值来区分:当 $P_r \le 0.07C_r$ 时称为轻负荷;当 $0.07C_r < P_r \le 0.15C_r$ 时称为正常负荷;当 $P_r > 0.15C_r$ 时称为重负荷。

轴承在重负荷和冲击负荷作用下,套圈容易产生变形,套圈尺寸增大,使配合面受力不均匀,引起配合松动。因此,负荷越大,配合越紧;承受冲击负荷应比承受平稳负荷配合要紧。

（3）其他因素对配合的影响

轴承运转时，由于摩擦发热和散热条件不好等原因，轴承套圈的温度经常高于与其相配合零件的温度。因此，因热膨胀使轴承内圈与轴的配合可能松动，外圈与外壳孔的配合可能变紧。所以在选择配合时，必须考虑工作温度的影响，并加以修正。

为使轴承安装与拆卸方便，宜采用较松的配合，特别是对重型机械用的大型或特大型轴承尤为重要。

对于承受负荷较大且要求较高旋转精度的轴承，为了消除弹性变形和振动的影响，应避免采用间隙配合。

此外，选用轴承配合时，还要考虑轴和外壳孔的结构与材料、旋转速度等因素。

综上所述，影响滚动轴承配合选用的因素很多，在实际工作中，可参考表 7 - 15、表 7 - 16选择向心轴承、角接触轴承的轴及外壳孔配合的公差带。

表 7 - 15　向心轴承和轴的配合轴公差带代号(摘自 GB/T 275—1993)

圆柱孔轴承					
运动状态		负荷状态	深沟球轴承、调心球轴承和角接触球轴承	圆柱滚子轴承和圆锥滚子轴承	调心滚子轴承	公差带
说　明	举　例		轴承公称内径/mm			
旋转的内圈负荷及摆动负荷	一般通用机械、电动机、机床主轴、泵、内燃机、直齿轮传动装置、铁路机车车辆轴箱、破碎机等	轻负荷	≤18 >18～100 >100～200 —	— ≤40 >40～140 >140～200	— ≤40 >40～140 >140～200	h5 j6① k6① m6①
		正常负荷	≤18 >18～100 >100～140 >140～200 >200～280 —	— ≤40 >40～100 >100～140 >140～200 >200～400	— ≤40 >40～65 >65～100 >100～140 >140～280 >280～500	j5,js5 k5② m5② m6 n6 p6 r6
		重负荷		>50～140 >140～200 >200 —	>50～100 >100～140 >140～200 >200	n6 p6③ r6 r7
固定的内圈负荷	静止轴上的各种轮子、张紧轮绳轮、振动筛、惯性振动器	所有负荷	所有尺寸			f6 g6① h6 j6
仅有轴向负荷			所有尺寸			j6,js6
圆锥孔尺寸						
所有负荷	铁路机车车辆轴箱一般机械传动		装在退卸套上的所有尺寸			h8(IT6)④⑤
			装在紧定套上的所有尺寸			h9(IT7)④⑤

注：①凡有较高精度要求的场合，应用 j5，k5，…，代替 j6，k6，…。
②圆锥滚子轴承、角接触球轴承配合对游隙影响不大，可用 k6，m6 代替 k5，m5。
③重负荷下轴承游隙应选大于 0 组。
④凡有较高精度或转速要求的场合，应选用 h7(IT5)代替 h8(IT6)等。
⑤IT6，IT7 表示圆柱度公差数值。

表 7-16 向心轴承和孔的配合 孔公差带代号(摘自 GB/T 275—1993)

运动状态		负荷状态	其他状态	公差带[①]	
说　明	举　例			球轴承	滚子轴承
固定的外圈负荷	一般机械、铁路机车车辆轴箱、电动机、泵、曲轴主轴承	轻、正常、重	轴向易移动,可采用剖分式外壳	H7,G7	
		冲击	轴向能移动,可采用整体或剖分式外壳	J7,JS7[②]	
摆动负荷		轻、正常			
		正常、重		K7	
		冲击		M7	
旋转的外圈负荷	张紧滑轮、轮毂轴承	轻	轴向不移动,可采用整体式外壳	J7	K7
		正常		K7,M7	M7,N7
		重		—	N7,P7

注:① 并列公差带随尺寸的增大从左至右选择,对旋转精度有较高要求时,可相应提高一个公差等级。
　　② 不适用于剖分式外壳。

3. 轴颈、外壳孔的几何公差与表面粗糙度

GB/T 275—1993 规定了与轴承配合的轴径和外壳孔表面的圆柱度公差、轴肩及外壳孔端面的圆跳动公差、各表面的粗糙度要求,如表 7-17、表 7-18 所列。

表 7-17 轴径和外壳孔的形位公差

公称尺寸/mm		圆柱度 t				端面圆跳动 t_1			
		轴　径		外壳孔		轴　肩		外壳孔肩	
		轴承精度等级							
		0	6(6x)	0	6(6x)	0	6(6x)	0	6(6x)
大于	至	公差值/μm							
—	6	2.5	1.5	4	2.5	5	3	8	5
6	10	2.5	1.5	4	2.5	6	4	10	6
10	18	3.0	2.0	5	3.0	8	5	12	8
18	30	4.0	2.5	6	4.0	10	6	15	10
30	50	4.0	2.5	7	4.0	12	8	20	12
50	80	5.0	3.0	8	5.0	15	10	25	15
80	120	6.0	4.0	10	6.0	15	10	25	15
120	180	8.0	5.0	12	8.0	20	12	30	20
180	250	10.0	7.0	14	10.0	20	12	40	20
250	315	12.0	8.0	16	12.0	25	15	40	25
315	400	13.0	9.0	18	13.0	25	15	40	25
400	500	15.0	10.0	20	15.0	25	15	40	25

表 7 - 18　配合面的表面粗糙度 μm

轴或轴承座直径/mm		轴或轴承配合表面直径公差等级								
		IT7			IT6			IT5		
		表面粗糙度								
大于	至	Rz	Ra		Rz	Ra		Rz	Ra	
			磨	车		磨	车		磨	车
—	80	10	1.6	3.2	6.3	0.8	1.6	4	0.4	0.8
80	500	16	1.6	3.2	10	1.6	3.2	6.3	0.8	1.6
端　面		25	3.2	6.3	25	3.2	6.3	10	1.6	3.2

[例 7 - 4]　试选择图 2 - 29 所示减速器输出轴深沟球轴承的精度等级、公差与配合。轴承尺寸为 $\phi80$ mm $\times$ 110 mm $\times$ 27 mm,轴承的额定动负荷为 $C_r = 32\,000$ N,轴承承受的径向当量动负荷 $P_r = 4\,000$ N,负荷冲击较小。试选择与轴承配合的轴颈和外壳孔公差带、几何公差、表面粗糙度,并标注在图面上。

解

(1) 大齿轮轴的受力分析

大齿轮轴上受力有两个,一个是与小齿轮啮合的啮合力,另一个是输出带传动的传动带拉力。两力的作用方向是固定的,所以作用于轴承的合成径向负荷方向是固定的。

(2) 负荷类型分析

由于轴上作用的负荷为固定方向的负荷,轴承内圈与轴一起旋转,外圈与轴承座孔固定,静止不动。所以轴承内圈承受的负荷为循环负荷,外圈承受的负荷为定向负荷。

(3) 负荷大小分析

$P_r / C_r = 4\,000$ N $/ 32\,000$ N $= 0.125 < 0.15$,所以轴承承受的负荷为正常负荷。

(4) 轴承精度的选择

减速器为一般机器,旋转精度要求不高,选择轴承精度等级 P0。

(5) 配合选择

① 与内圈配合的轴颈公差带的确定。依据轴承内圈承受的负荷类型为循环负荷,负荷大小为正常负荷,轴颈尺寸为 $\phi80$ mm,查表 7 - 15 得其轴颈公差带为 k5,但考虑与轴承座孔公差等级相协调选用 k6。

② 与轴承外圈配合的轴承座孔公差带的确定。依据轴承外圈承受的负荷类型为定向负荷,负荷大小为正常负荷,轴承座孔尺寸为 $\phi110$ mm,查表 7 - 16 得其座孔公差带为 H7。

(6) 几何公差的选择

轴颈的几何公差项目为圆柱度,公差值为 0.005 mm;轴肩的端面圆跳动公差值为 0.015 mm;轴承座孔的几何公差项目为圆柱度,公差值为 0.01 mm。

(7) 表面粗糙度的选择

轴颈表面粗糙度为 $Ra \leqslant 0.8\ \mu$m;轴肩表面粗糙度为 $Ra \leqslant 3.2\ \mu$m;轴承座孔表面粗糙度选择 $Ra \leqslant 1.6\ \mu$m。

各项技术要求标注如图 7 - 25 所示。

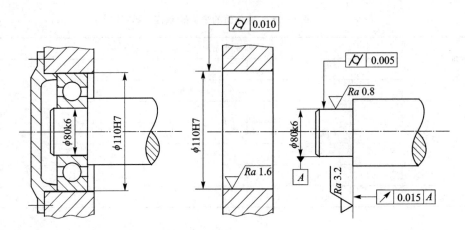

图 7 - 25 滚动轴承配合技术要求的标注

第8章 圆柱齿轮的公差与测量

【学习目的与要求】 熟悉齿轮传动的使用要求,齿轮各项误差对齿轮传动质量的影响,齿轮误差的评定指标及各项指标的内在联系;熟悉齿轮公差标准的构成、精度等级与使用方法;能够依据具体的齿轮传动使用要求选择齿轮的公差等级、齿坯公差、齿侧间隙及表面粗糙度值。

8.1 概 述

渐开线圆柱齿轮是在圆柱面上制有渐开线形状轮齿的零件,通过两个相互啮合的轮齿来传递运动与动力,渐开线齿轮可以实现定比传动,传动效率高,制造方便,所以在机械传动中广泛应用。齿轮传动是由齿轮、轴、轴承、机座等零件所组成的,所以齿轮传动质量不仅与齿轮本身的精度有关,还与轴、轴承、机座等零部件的制造、安装精度有关。轴、轴承、机座等零件的精度设计已在前面章节进行了介绍,所以本章主要介绍渐开线圆柱直齿轮评定指标、各项指标的测量方法和齿轮精度。

8.1.1 齿轮的使用要求

不同情况下的齿轮传动有不同的使用要求,概括起来有以下四个方面的具体要求:

1. 传递运动的准确性

齿轮传动的特点是在一定速度下传递运动与动力,齿轮传动要求传递运动准确可靠,在齿轮的一转内各转角值上都要保证传动比恒定。如精密机床的分度机构齿轮、测量仪器的传动齿轮、分度头中的分度齿轮等,它们要求在齿轮的一转中转角误差不超过 $1''\sim2''$。齿轮传递运动的准确性是由齿轮的用途所决定,机器精密度越高,其主要齿轮的传动精度要求越高。该项评定指标的特点是:是以齿轮一周转角 $360°$ 为周期的。

2. 传动的平稳性

齿轮传动要求传递运动要平稳,冲击小,噪声和振动要小。理论与实验证明以一齿转角为周期的传动比误差(转角误差)是引起齿轮传动噪声、振动、冲击的主要因素,为此要保证齿轮传动的平稳性就要限制齿轮啮合的瞬时传动比的变化。对轿车、机床、通用减速器的齿轮主要要求有较高的传动平稳性。评定指标的特点是:是以齿轮的一齿转角为周期。

3. 载荷分布的均匀性

齿轮传递转矩是靠齿面的相互接触来实现的,对于重载机械,如矿山机械、高速汽轮机的传动齿轮,其传递的转矩大,齿面磨损与点蚀是重载齿轮的主要失效形式。因此要求齿面的接触面积大,保证齿面受力均匀,可靠的传递转矩。评定齿轮载荷分布均匀性主要是控制齿面的接触面积,接触面积越大,载荷分布越均匀,所能传递的载荷越大。评定指标的特点是:以齿面的接触面积大小为依据的评定指标。

4. 合理的齿轮副侧隙

由于齿轮在传动过程中齿面相互接触,并产生相对摩擦,因此主动齿轮的轮齿与被动齿轮的齿槽在啮合中应有间隙,用于贮存润滑油,满足形成润滑油膜的需要,同时补偿轮齿受热膨胀时的热变形、齿轮传动安装、制造误差和弹性变形等。齿轮传递运动的速度越高、工作环境温度越高、传递载荷越大,齿侧间隙应越大。评定指标的特点:用于限制齿厚大小的评定指标。

对于不同用途的齿轮都有上述四个方面的要求,只是各有侧重,要针对齿轮的具体使用条件与传动目的,正确地确定使用要求。

8.1.2　齿轮加工误差产生的原因

齿轮加工有滚齿、插齿、剃齿、铣齿、磨齿等加工方法。用范成法加工齿轮,不存在着加工原理误差,因此齿轮各项偏差主要来源于加工工艺系统的误差,即机床 — 刀具 — 工件系统—加工环境的误差。

工艺系统误差与齿轮评定指标的对应关系是:齿坯、机床心轴之间的安装偏心,导致齿轮齿圈有径向跳动,齿距、齿厚的偏差;分度蜗轮、工作台在一周范围内转速不均匀导致齿轮齿距、公法线的偏差;分度蜗杆、轴的轴向蹿动导致齿轮的齿距和齿形偏差;滚刀轴线倾斜、轴向蹿动导致齿轮齿形误差和齿向偏差;滚刀本身的基节、齿形误差导致齿轮的基节和齿形偏差等。

产生某一项齿轮偏差有多种原因,也就是齿轮几何参数(齿形、齿距、基圆直径、压力角、螺旋线等)的偏差产生的原因不是唯一的。同时齿轮的几何参数偏差对齿轮的传动质量影响也不是唯一的,实际齿轮传动质量是各项齿轮几何参数偏差的综合效应。我国圆柱齿轮公差标准采取使用单项指标与综合指标相结合、主要以齿轮几何参数值为主评定齿轮精度的办法,通过控制齿轮制造精度来间接保证齿轮传动精度。

8.2　直齿圆柱齿轮精度的评定指标与测量

GB/T 10095.1—2008 与 GB/T 10095.2—2008 规定的齿轮偏差项目为齿距偏差、齿廓偏差、螺旋线偏差、径向跳动、切向综合偏差与径向综合偏差共六类偏差(误差)项目,这些技术指标从齿轮在模拟工作条件下的传动质量,轮齿在圆周上的径向分布、切向分布质量,实际齿形、螺旋线相对理想齿形、理想螺旋线的形状误差与位置误差等方面的精度进行评定。

公法线千分尺测量
公法线长度变动和
公法线平均长度偏差
(视频时长:6分
49秒,约34M)

8.2.1　轮齿同侧齿面偏差的定义与测量

同侧齿面是指齿轮轮齿的同一弯曲方向的齿面。同侧齿面的偏差有:齿距偏差、齿廓偏差、螺旋线偏差。

1. 齿距偏差

齿距是指在齿轮的一个既定圆柱面上,一条给定的曲线被两个相邻的同侧齿面所截取的长度,齿轮齿距一般是指分度圆上的齿距。齿距偏差有单个齿距偏差、齿距累积偏差、齿距累积总偏差三项指标。

（1）单个齿距偏差 f_{pt}

单个齿距偏差是指在端平面上，在接近齿高中部的一个与齿轮轴线同心的圆上，实际齿距与理论齿距的代数差，如图 8-1 所示。单个齿距偏差反映齿轮的齿距的等距性，它的大小确定着齿轮在啮合过程中一齿转角上的转角误差，影响齿轮传动的平稳性。单个齿距偏差可用周节仪、万能测齿仪测量，用齿距仪测量齿距如图 8-2 所示。

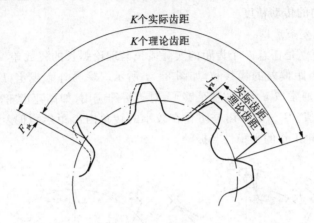

图 8-1　单个齿距误差

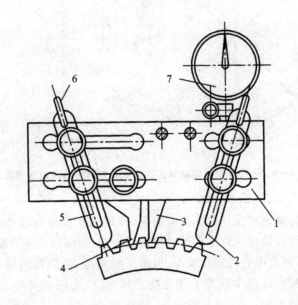

1—本体；2、5—支脚；3—活动量爪；4—固定量爪；6—支脚小端；7—指示表

图 8-2　用齿轮齿距仪测量齿距

（2）齿距累积总偏差 F_p

齿距累积总偏差是齿轮同侧齿面在任意弧段（$k=1$ 至 $k=z$）的最大齿距累积偏差。在齿距误差曲线上表现为齿距累积偏差曲线的总幅度值。齿距累积总偏差是评定轮齿同侧齿面在圆周分布均匀性的指标，它主要影响齿轮传动的准确性。齿距累积总偏差一般是用齿距仪、万能测齿仪等对单个齿距进行测量，通过数据处理得到齿距累积总偏差值。齿轮累积总偏差对

齿轮传动准确性的影响如图 8-3 所示。图 8-3 中左面齿轮为实际齿轮、右面齿轮为理想齿轮。图中粗实线的轮齿代表轮齿的实际位置,细实线代表轮齿的理想位置。两齿轮在 1 号轮齿啮合时转角误差为 0′,在 2 号轮齿啮合时转角误差为 +2′;在 3 号轮齿啮合时转角误差为正的最大值 +6′;啮合到 7 号轮齿时,产生最小的转角误差为 −4′;该对齿轮啮合转角误差出现在 3、7 号轮齿之间,产生的最大转角误差是:$|(+6′)-(-4′)|=10′$,所以齿距累积总偏差影响齿轮在一转范围内的传动精度。

(3)齿距累积偏差 F_{pk}

齿距累积偏差 F_{pk} 是任意 k 个齿距的实际弧长与理论弧长的代数差。在理论上它等于这 K 个齿距的各单个齿距偏差的代数和,如图 8-1 所示。除另外有规定,F_{pk} 值被限于不大于 1/8 的圆周上评定。通常取 $k=z/8$ 就足够了,对于特殊应用(如高速齿轮)还需检验较小的弧段,并规定相应的 k 值。F_{pk} 的作用是防止在较小的转角内齿距累积偏差集中而产生较大转角误差,从而影响齿轮工作的平稳性与振动。

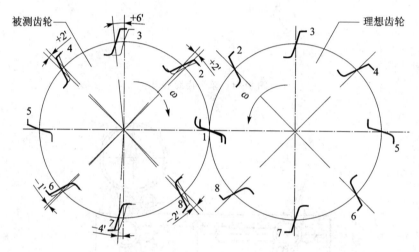

图 8-3 齿距累积总偏差与齿距累积偏差对传动准确性的影响

2. 齿廓偏差

齿廓偏差是实际齿廓偏离设计齿廓程度的量,该量是在齿轮的端平面内且垂直于渐开线齿廓的方向上的计量值。设计齿廓是设计时给定的齿廓,它可以对理论渐开线进行修正,如凸形齿、修缘齿等。齿廓偏差中有齿廓总偏差、齿廓形状偏差、齿廓倾斜偏差三项评定指标。齿廓偏差使齿轮在一齿啮合过程中偏离了理想啮合状态,产生振动与冲击,影响齿轮传动的平衡性。

(1)齿廓总偏差 F_α

齿廓总偏差 F_α 是在计值范围内,包容实际齿廓迹线的两条设计齿廓迹线间的距离。

齿廓总偏差可用渐开线检查仪等设备进行测量,通过渐开线检查仪器绘出的实际齿廓相对理论齿廓的偏差曲线称为迹线。当实际齿廓迹线偏离了设计齿廓迹线时,就表明实际齿廓偏离了设计齿廓。图 8-4(a)就是用渐开线检查仪绘制出不修形的渐开线齿形的齿廓总偏差图,不修形的理想渐开线迹线是一条水平直线。图 8-4(b)中的平均齿廓迹线是设计齿廓迹线减去一条斜直线(设计齿廓迹线与一条斜直线的对应坐标值相减)坐标后得到的一条迹线,平均齿廓迹线与实际齿廓迹线偏差的平方和为最小,即按最小二乘法确定。有效长度是啮合

线 A、E 两点之间的长度,A 点为齿顶,E 点为齿轮啮合时与配对齿轮有效啮合的终点,一般为该齿根部与配对齿轮齿顶啮合点。计值范围是评定实际齿廓偏离设计齿廓时的一段啮合线长度,它去除了齿顶与齿根的部分长度,计值范围从 E 点起为有效长度的 92%。由于正偏差对齿轮传动精度的影响大于负偏差,所以圆柱齿轮国家标准规定,在有效长度与计值范围之差的区间内,即靠近齿顶处,在评定齿廓总偏差和齿廓形状偏差时,按以下规则计值:

① 使偏差量增加的偏向齿体外的正值偏差必须计入偏差值。

② 除另有规定外,对于负偏差,其公差为计值范围规定公差的 3 倍。

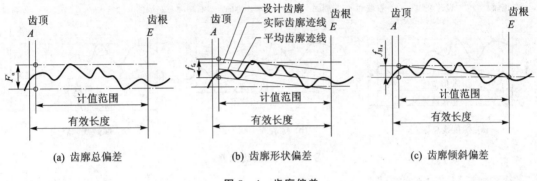

图 8 - 4 齿廓偏差

(2) 齿廓形状偏差 $f_{f\alpha}$

是在计值范围内,包容实际齿廓迹线的两条与平均齿廓迹线完全相同的曲线间的距离,两条包容曲线与平均齿廓迹线等距和平行。齿廓形状偏差 $f_{f\alpha}$ 是实际齿廓迹线相对平均齿廓迹线的形状误差,如图 8 - 4(b)所示。

(3) 齿廓倾斜偏差 $f_{H\alpha}$

齿廓倾斜偏差 $f_{H\alpha}$ 是在计值范围内的两端处与平均齿廓迹线相交的两条设计齿廓迹线间的距离,如图 8 - 4(c)所示。

齿廓形状偏差是实际齿廓迹线偏离平均齿廓迹线程度的评定,属于形状误差。齿廓倾斜偏差是平均齿廓迹线在方向上偏离设计齿廓迹线程度的评定,类似于几何公差中的方向误差。齿廓总偏差是实际齿廓迹线偏离设计齿廓迹线程度的评定,相当于几何公差中的位置误差。三项指标直接或是间接地对实际齿廓迹线进行评定,但所用包容区域是不同的,一般情况下 $F_\alpha > f_{H\alpha}$、$F_\alpha > f_{f\alpha}$,但 $F_\alpha \neq f_{H\alpha} + f_{f\alpha}$。

3. 螺旋线偏差

螺旋线偏差是在端面基圆切线方向上测得的齿轮实际螺旋线偏离设计螺旋线程度的量,对于直齿轮的设计螺旋线是平行于轴线的一条直线,此时螺旋线偏差是实际齿向线相对设计齿向线的偏差。齿轮的螺旋线偏差使齿轮在啮合过程中齿轮齿面的接触面积减小,使传递的载荷分布不均匀,降低了齿轮传递载荷的能力。齿轮的螺旋线偏差为:螺旋线总偏差、螺旋线形状偏差、螺旋线倾斜偏差。螺旋线偏差是在螺旋线计值范围内计量的。螺旋线的计值范围是:在齿轮的两端面处各减去 5% 的齿宽或一个模数的长度(两者取较小值)后的迹线长度。

(1) 螺旋线总偏差 F_β

螺旋线总偏差 F_β 是在计值范围内,包容实际螺旋线迹线的两条设计螺旋线迹线间的距离。螺旋线偏差用渐开线螺旋线检查仪进行测量,测量仪器绘制出的实际螺旋线曲线称为迹线,螺旋线迹线的长度与齿宽成正比。对于理想的不修形圆柱齿轮螺旋线进行测量时,得到一条直线型迹线。对直齿圆柱齿轮当实际迹线偏离了直线迹线时,其偏离量表示了实际螺旋线相对设计螺旋线的偏离量。螺旋线总偏差评定如图 8-5(a)所示。螺旋线检查仪工作原理如图 8-6 所示,以被测齿轮的轴线为基准,通过精密机构实现被测齿轮 1 回转时,测头 2 按理论螺旋线关系沿轴向移动。测头拾取齿轮实际齿面螺旋线轨迹信号,数据处理器将实际螺旋线与理论螺旋线进行比较,其差值由记录器记录,并给出螺旋线误差曲线,即螺旋线迹线。在该迹线上即可获得螺旋线总偏差 F_β。

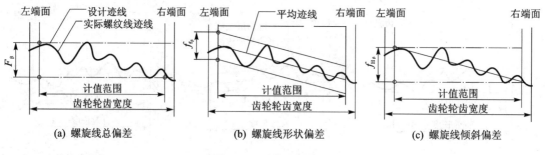

(a) 螺旋线总偏差　　　　　(b) 螺旋线形状偏差　　　　　(c) 螺旋线倾斜偏差

图 8-5　螺旋线偏差

(2) 螺旋线形状偏差 $f_{f\beta}$

螺旋线形状偏差 $f_{f\beta}$ 是在计值范围内,包容实际螺旋线迹线的两条与平均螺旋线迹线完全相同的曲线间的距离,两包容曲线与平均螺旋线迹线等距、平行。平均螺旋线迹线是设计螺旋线迹线减去一条斜直线(设计螺旋线迹线与一条斜直线的对应坐标值相减)坐标后得到的一条迹线,它与实际螺旋线迹线偏差的平方和为最小。螺旋线形状偏差的评定如图 8-5(b)所示。

(3) 螺旋线倾斜偏差 $f_{H\beta}$

螺旋线倾斜偏差 $f_{H\beta}$ 是在计值范围内的两端处,与平均螺旋线迹线相交的两条设计螺旋线迹线间的距离。评定方法如图 8-5(c)所示。

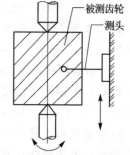

图 8-6　螺旋线测量原理

螺旋线倾斜偏差是平均螺旋线迹线相对设计螺旋线迹线偏离程度的评定,类似于几何公差中的方向误差。螺旋线形状偏差是实际螺旋线迹线相对平均螺旋线迹线偏离程度的评定,类似于几何公差中形状误差。螺旋线总偏差是对实际螺旋线迹线相对设计螺旋线迹线偏离程度的评定,类似于几何公差中的位置误差,三项指标直接或是间接地对实际螺旋线迹线进行评定,但所用的包容区域是不同的,在一般情况下:$F_\beta > f_{H\beta}$、$F_\beta > f_{f\beta}$,但 $F_\beta \neq f_{H\beta} + f_{f\beta}$。

4. 切向综合偏差

切向综合偏差是在切向综合偏差曲线图上获得到的。切向综合偏差曲线是在单向啮合检查仪上产品(被测)齿轮(即被测齿轮)与测量齿轮以适当中心距单向啮合并旋转,在只有一组同侧齿面相接触的情况下使之旋转直到获得一整圈的偏差曲线图。切向综合偏差曲线是在产品齿轮与测量齿轮在模拟齿轮传动工作状况下得到的偏差值,该值的大小反映了产品在实际啮合中的精度,综合地反映了产品齿轮的齿距偏差、齿廓总偏差、螺旋线总偏差等偏差项目对齿轮传动质量的影响。测量齿轮是用于检验产品齿轮精度的测量原件,在测量切向偏差时测量齿轮要比产品齿轮精度高 4 级及以上,如小于 4 级时应考虑测量齿轮测量不确定度对测量结果的影响。在切向综合偏差曲线上可以得到切向综合总偏差 F_i' 和一齿切向综合偏差 f_i'。

(1) 切向综合总偏差 F_i'

切向综合总偏差 F_i' 是产品齿轮与测量齿轮单面啮合检验时,产品齿轮一转内,齿轮分度圆上实际圆周位移与理论圆周位移的最大差值。在切向综合总偏差误差曲线上为总幅度值,如图 8-7(b)所示。切向综合总偏差的测量是在近似齿轮的工作状态下测量得到的误差值,切向综合总偏差是评定齿轮传动准确性较全面的指标。切向综合总偏差用切向综合检测仪测量,光栅式单啮仪的工作原理如图 8-7(a)所示。测量原件基准蜗杆与产品齿轮单面啮合,其啮合中心距不变。基准蜗杆由电动机经减速装置带动。蜗杆头架内装有主光栅 1,与基准蜗杆同步旋转;产品齿轮下面装有主光栅 2,与产品齿轮同步旋转。在两个主光栅上安装信号拾取头,当光栅旋转时,信号拾取头将光栅旋转角度转变为频率电信号。信号拾取头 1 和 2 输出的电信号频率为 f_1、f_2,经分频器分频,获得两路频率相同的信号。最后将两路信号输入相位计。由于产品齿轮的运动误差,其角速度发生变化,两路信号将产生相应的相位差。经相位计比相后,输出的电压也相应地变化,于是记录器即可绘制出产品齿轮的切向综合偏差曲线,从而确定出产品齿轮的切向综合总偏差。

(2) 一齿切向综合偏差 f_i'

产品齿轮与测量齿轮单面啮合检验时,产品齿轮一个齿距内的切向综合偏差值,一齿切向综合偏差在切向综合总偏差曲线上得到,如图 8-7(b)所示。一齿切向综合偏差反映齿轮传动的平稳性。

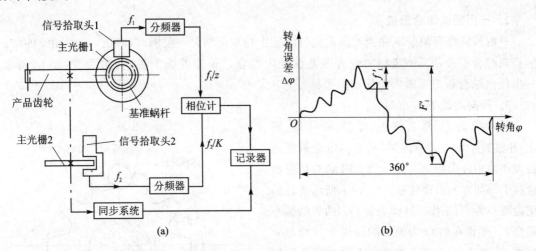

图 8-7　光栅式单啮仪工作原理与切向综合误差测量

8.2.2　径向综合偏差、径向跳动的定义与测量

1. 径向综合总偏差 F_i''

径向综合总偏差 F_i'' 是产品齿轮与测量齿轮双面啮合检验时,产品齿轮的左右齿面同时与测量齿轮接触,并转过一整圈时,出现的中心距最大值与最小值之差,在图 8-8(b)径向综合误差曲线上为总幅度值。径向综合总偏差反映轮齿在圆周径向分布的均匀性,影响齿轮传动的准确性。径向综合总偏差是产品齿轮与测量齿轮在双面啮合状态下测量得到的,在反映齿

轮的各种制造误差对齿轮传动精度影响方面不如切向综合总偏差好,但径向综合总偏差 F_i'' 的测量状态与齿轮加工状态相一致,所以径向综合总偏差反映了齿轮刀具误差、安装误差对齿轮精度的影响。双面啮合检查仪如图 8-8(a)所示。测量时将产品齿轮安装在固定拖板的心轴上,测量齿轮安装在浮动拖板的心轴上,在弹簧的作用下,两齿轮作无侧隙的双面啮合。使产品齿轮回转一周时,双啮中心距的总变动量即为产品齿轮的径向综合总偏差,测量数据可由指示表逐点读出,也可由记录装置绘制出图 8-8(b)的径向综合偏差曲线。在径向综合偏差曲线上即可评定产品齿轮的径向综合总偏差 F_i'',也可以评定一齿径向综合偏差 f_i''。

测量径向综合偏差时,测量齿轮的精度要高于产品齿轮精度 2 级以上。

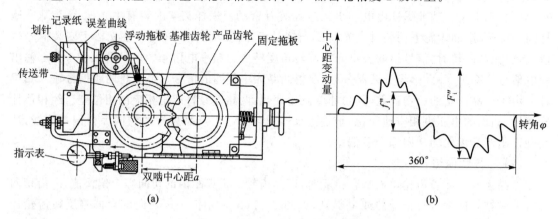

图 8-8 径向综合总偏差的测量

2. 一齿径向综合偏差 f_i''

一齿径向综合偏差 f_i'' 是当产品齿轮与测量齿轮双面啮合一整圈时,对应一个齿距($360°/z$)的径向综合偏差值。一齿径向综合偏差在径向综合总偏差曲线上得到,如图 8-8(b)所示。一齿径向综合偏差反映齿轮传动的平稳性。

3. 径向跳动 F_r

径向跳动 F_r 是当测头(球形、圆柱形、砧形)相继置于每个齿槽内时,从它到齿轮轴线的最大和最小径向距离之差。测量时测头在近似齿高中部与左右齿面接触。图 8-9 所示齿轮的切齿圆心为 O,工作回转圆心为 O_1,两者的偏心距为 e。轮齿在以 O 为圆心的圆周上是均匀分布的,但在以 O_1 为圆心的圆周上分布是不均匀的,也就是 $P_1 \neq P_2$。有径向跳动误差的齿轮使轮齿在以回转中心为圆心的啮合节圆上分布不均匀,产生了齿距累积总偏差,使齿轮在一转内产生转角误差,同时齿轮的径向跳动影响齿轮的侧隙。径向跳动可在径向跳动检查仪上测量,径向跳动检查仪如图 8-10 所示。

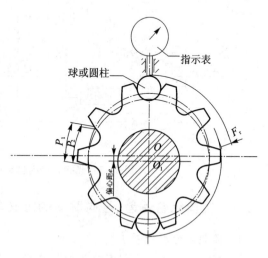

图 8-9 径向跳动

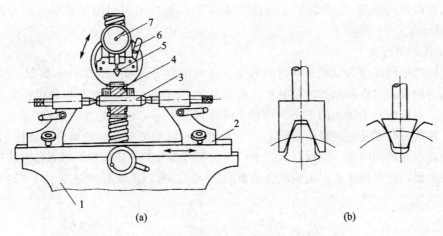

(a)　　　　　　　　　　(b)

1—底座；2—顶尖座；3—心轴；4—被测齿轮；5—测量头；6—指示表提升手柄；7—指示表

图 8 - 10　径向跳动的测量

8.3　齿轮副的评定指标与测量

在《圆柱齿轮检验实施规范第 2 部分：径向综合偏差、径向跳动、齿厚和侧隙的检验》（GB/Z 18620.2—2008）、《圆柱齿轮检验实施规范第 3 部分：齿轮坯、轴中心距和轴线平行度检验》（GB/Z 18620.3—2008）、《圆柱齿轮检验实施规范第 4 部分：表面结构和轮齿接触斑点的检验》（GB/Z 18620.4—2008）三个指导性技术文件中规定了齿厚和侧隙、接触斑点、轴线中心距偏差、轴线平行度等技术指标，这些技术指标配合 GB/T 10095.1—2008 与 GB/T 10095.2—2008 保证齿轮的传动精度。

1. 齿轮的接触斑点

齿轮接触斑点是指装配（在箱体内或啮合试验台上）好的齿轮副，在轻微制动下运转后的接触痕迹。其大小用实际接触高度占齿面有效高度的百分数（$h_{c1}/h \times 100\%$、$h_{c2}/h \times 100\%$）、实际接触齿长占齿宽的百分数（$b_{c1}/b \times 100\%$、$b_{c2}/b \times 100\%$）表示，b_{c1}、b_{c2} 为接触斑点中较大宽度部分与较小宽度部分的齿面宽度值，h_{c1}、h_{c2} 为接触斑点中较大高度部分与较小高度部分的齿面高度值。接触斑点测量可以是产品齿轮副啮合，也可以产品齿轮与测量齿轮进行啮合。产品齿轮副在箱体内所产生的接触斑点，可以帮助齿轮副的轮齿间载荷分布质量的评估，齿轮接触斑点百分数越大，齿轮接触面积越大，传递载荷越可靠。产品齿轮与测量齿轮的接触斑点，可用于产品齿轮的齿廓和螺旋线精度的评估。接触斑点评定如图 8 - 11 所示。

2. 中心距允许偏差

中心距公差是指设计者规定的齿轮副中心距允许偏差 $\pm f_a$，齿轮副中心距影响齿轮副侧隙和齿高方向的接触精度。对于单向承载和不经常反转的齿轮副可以不考虑中心距对齿侧间隙的影响，主要考虑对啮合重合度的影响。对于经

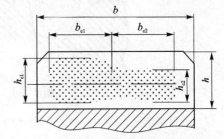

图 8 - 11　齿轮接触斑点

常承载变向载荷的齿轮,中心距公差的确定主要考虑到对齿侧间隙的影响。中心距公差如图 8-12 所示。

3. 轴线的平行度

齿轮轴线平行度分为轴线平面内的偏差 $f_{\Sigma\delta}$ 与垂直平面内的偏差 $f_{\Sigma\beta}$,如图 8-12 所示。轴线平面内的偏差是在两轴线的公共平面内测量的,公共平面是通过两根轴中跨距较长的一根轴和另一根轴的一个轴承的平面。垂直平面内的偏差是在与轴线公共平面相垂直的平面内测量的。轴线平行度是在两轴承间距 L 内计量的。轴线的平行度影响啮合螺旋线偏差、齿轮副的接触斑点和齿侧间隙。轴线在垂直平面内的平行度偏差导致的齿轮啮合偏差将比同样大小的轴线平面内的平行度所产生的啮合偏差大 2～3 倍,所以国家标准规定 $f_{\Sigma\beta} < f_{\Sigma\delta}$。

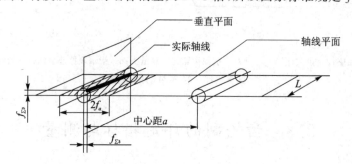

图 8-12　齿轮轴线的平行度

4. 齿轮副的侧隙、齿厚偏差

(1) 齿侧间隙

齿侧间隙是指两个相配齿轮工作齿面相互接触时,在两个非工作齿面之间的间隙,齿侧间隙如图 8-13 所示。齿侧间隙有圆周侧隙 j_{wt} 与法向侧隙 j_{bn}。影响齿轮侧隙的因素有齿轮的中心距、齿轮的齿厚,同时也受轮齿的形状与位置误差以及轴线平行度的影响。我国齿轮公差标准规定,在确定的中心距条件下,通过减薄齿厚的方法获得齿侧间隙。对于齿轮副必须具有齿侧间隙,才能保证齿轮正常啮合。对不同使用要求的齿轮副有不同的齿侧间隙,对于精密测量齿轮齿侧间隙小些,对于重载高温条件下工作的齿轮其齿侧间隙就要大些。

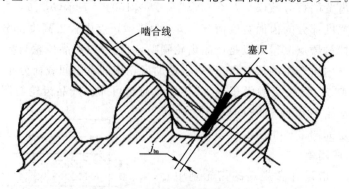

图 8-13　用塞尺测量齿侧间隙

(2) 齿厚偏差

齿厚减薄量是依据齿轮间隙大小通过计算得到的,齿厚偏差如图 8-14 所示。E_{sni} 为齿厚下极限偏差,E_{sns} 为齿厚上极限偏差,T_{sn} 为齿厚公差。

齿厚偏差可用齿厚游标卡尺直接测量,如图 8-15 所示。

测量齿厚时的弦齿高 $\bar{h}$ 和公称弦齿厚 $\bar{s}$ 分别为

$$\bar{h} = m + \frac{m \times z}{2}\left[1 - \cos\left(\frac{\pi}{2z}\right)\right] \tag{8-1}$$

$$\bar{s} = m \times z \times \sin\left(\frac{\pi}{2z}\right) \tag{8-2}$$

式中,m 为齿轮模数;z 为齿数。

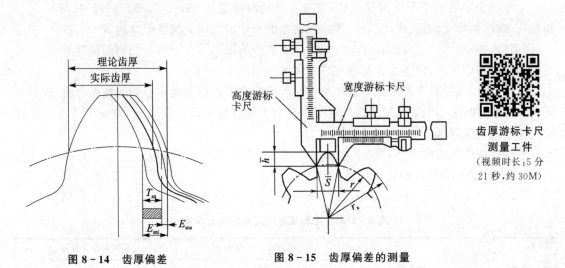

图 8-14　齿厚偏差　　　　　图 8-15　齿厚偏差的测量

齿厚游标卡尺
测量工件
(视频时长:5 分
21 秒,约 30M)

8.4　渐开线圆柱齿轮公差标准

8.4.1　圆柱齿轮国家标准的组成

为规范圆柱齿轮的精度评定与各项偏差的检验,国家制定了两个国家标准与四个指导性文件,对圆柱齿轮的精度、评定指标和评定指标的检验方法、齿坯公差等进行规范。

1. 适用范围

GB/T 10095.1—2008,GB/T 10095.2—2008 两个国家标准与 GB/Z 18620.1~4 指导性文件适用于单个渐开线圆柱齿轮,不适用于齿轮副。

GB/T 10095.1—2008 适用于法向模数≥0.5~70 mm,分度圆直径≥5~10 000 mm,齿宽≥4~1 000 mm 的渐开线圆柱齿轮。

GB/T 10095.2—2008 适用于法向模数≥0.2~10 mm,分度圆直径≥5~1 000 mm 的渐开线圆柱齿轮。

2. 精度等级

齿轮精度等级如表 8-1 所列。GB/T 10095.1—2008 对齿轮精度规定了 13 个精度等级。GB/T 10095.2—2008 对径向跳动规定了 13 个精度等级,对径向综合偏差规定了 9 个精度等级。齿轮精度等级中 0 级最高,12 级最低。0~2 级为待发展级,3~5 级为高精度,6~8 级为中等精度,9~12 级为低精度齿轮。

表 8-1　齿轮精度

标准号	偏差与公差项目	精度等级
GB/T 10095.1—2008	f_{pt}，F_{pk}，F_p，F_β，F_α，F_i'，f_i'	0,1,2,3,4,5,6,7,8,9,10,11,12
GB/T 10095.2—2008	F_r	0,1,2,3,4,5,6,7,8,9,10,11,12
	F_i''，f_i''	4,5,6,7,8,9,10,11,12

对于一个确定的渐开线圆柱齿轮,当规定齿轮的精度是 GB/T 10095.1—2008 中的某一精度等级时,则齿距偏差、齿廓偏差、螺旋线偏差的允许值均按该精度等级选取。

GB/T 10095.1—2008、GB/T 10095.2—2008 中的偏差项目可以有相同的精度等级,也可有不相同的精度等级,但需要在订货文件中说明。

在订货时,供需双方可协商对齿轮的工作齿面和非工作齿面规定不同的精度等级,或对不同的偏差项目规定不同的精度等级。也可以仅对工作齿面规定精度等级,对非工作齿面不规定所要求的精度等级。

除订货文件规定的以外,f_{pt}、F_{pk}、F_p、F_β、F_α 是强制性检验项目。$f_{f\beta}$、$f_{H\beta}$、$f_{f\alpha}$、$f_{H\alpha}$、F_i'、f_i'、F_r、F_i''、f_i'' 是非强制性的检验项目。

F_{pt}、F_p、F_β、$f_{f\beta}$、$f_{H\beta}$、F_α、$f_{f\alpha}$、$f_{H\alpha}$、f_i'/K、F_r、F_i''、f_i'' 允许值如表 8-2(a)～(d)所列。

表 8-2(a)　齿轮精度评定指标的允许值　　　　μm

分度圆直径 d/mm	法向模数 m_n/mm	径向综合总偏差 F_i''					一齿径向综合偏差 f_i''				
		精度等级									
		5	6	7	8	9	5	6	7	8	9
50<d≤125	>1.5～2.5	22	31	43	61	86	6.5	9.5	13	19	26
	>2.5～4	25	36	51	72	102	10	14	20	29	41
	>4～6	31	44	62	88	124	15	22	31	44	62
125<d≤280	>1.5～2.5	26	37	53	75	106	6.5	9.5	13	19	27
	>2.5～4	30	43	61	86	121	10	15	21	29	41
	>4～6	36	51	72	102	144	15	22	31	44	62
280<d≤560	>1.5～2.5	33	46	65	92	131	6.5	9.5	13	19	27
	>2.5～4	37	52	73	104	146	10	15	21	29	41
	>4～6	42	60	84	119	169	15	22	31	44	62

表 8-2(b)　齿轮精度评定指标的允许值　　　　μm

分度圆直径 d/mm	齿宽 b/mm	螺旋线总偏差 F_β					螺旋线形状偏差 $f_{f\beta}$ 和 螺旋线倾斜偏差 ±$f_{H\beta}$				
		精度等级									
		5	6	7	8	9	5	6	7	8	9
50<d≤125	20<b≤40	8.5	12	17	24	34	6	8.5	12	17	24
	40<b≤80	10	14	20	28	39	7	10	14	20	28
	80<b≤160	12	17	24	33	47	8.5	12	17	24	34

续表 8 - 2(b)

分度圆直径 d/mm	齿宽 b/mm	螺旋线总偏差 F_β					螺旋线形状偏差 $f_{f\beta}$ 和 螺旋线倾斜偏差 $\pm f_{H\beta}$				
		精度等级									
		5	6	7	8	9	5	6	7	8	9
$125<d\leqslant280$	$20<b\leqslant40$	9	13	18	25	36	6.5	9	13	18	25
	$40<b\leqslant80$	10	15	21	29	41	7.5	10	15	21	29
	$80<b\leqslant160$	12	17	25	35	49	8.5	12	17	25	35
$280<d\leqslant560$	$20<b\leqslant40$	9.5	13	19	27	38	7	9.5	14	19	27
	$40<b\leqslant80$	11	15	22	31	44	8	11	16	22	31
	$80<b\leqslant160$	13	18	26	36	52	9	13	18	26	37

表 8 - 2(c)　齿轮精度评定指标的允许值　　　　　　　　μm

分度圆直径 d/mm	法向模数 m_n/mm	径向跳动公差 F_r					f'_i/K 的值					单个齿距偏差 $\pm f_{pt}$					齿距累计总偏差 F_p				
		精度等级																			
		5	6	7	8	9	5	6	7	8	9	5	6	7	8	9	5	6	7	8	9
50~125	≥0.5~2	15	21	29	42	59	16	22	31	44	62	5.5	7.5	11	15	21	18	26	37	52	74
	>2~3.5	15	21	30	43	61	18	25	36	51	72	6	8.5	12	17	23	19	27	38	53	76
	>3.5~6	16	22	31	44	62	20	29	40	57	81	6.5	9	13	18	26	19	28	39	55	78
>125~280	≥0.5~2	20	28	39	55	78	17	24	34	49	69	6	8.5	12	17	24	24	35	49	69	98
	>2~3.5	20	28	40	56	80	20	28	39	56	79	6.5	9	13	18	26	25	35	50	70	100
	>3.5~6	20	29	41	58	82	22	31	44	62	88	7	10	14	20	28	25	36	51	72	102
>280~560	≥0.5~2	26	36	51	73	103	19	27	39	54	77	6.5	9.5	13	19	27	32	46	64	91	129
	>2~3.5	26	37	52	74	105	22	31	44	62	87	7	10	14	20	29	33	46	65	92	131
	>3.5~6	27	38	53	75	106	24	34	48	68	96	8	11	16	22	31	33	47	66	94	133

表 8 - 2(d)　齿轮精度评定指标的允许值　　　　　　　　μm

分度圆直径 d/mm	法向模数 m_n/mm	齿廓形状偏差 $f_{f\alpha}$					齿廓倾斜偏差 $f_{H\alpha}$					齿廓总偏差 F_α				
		精度等级														
		5	6	7	8	9	5	6	7	8	9	5	6	7	8	9
50~125	>0.5~2	4.5	6.5	9	13	18	3.7	5.5	7.5	11	15	6	8.5	12	17	23
	>2~3.5	6	8.5	12	17	24	5	7	10	14	20	8	11	16	22	31
	>3.5~6	7.5	10	15	21	29	6	8.5	12	17	24	9.5	13	19	27	38
>125~280	>0.5~2	5.5	7.5	11	15	21	4.4	6	9	12	18	7	10	14	20	28
	>2~3.5	7	9.5	14	19	28	5.5	8	11	16	22	9	13	18	25	36
	>3.5~6	8	12	16	23	33	6.5	9.5	13	19	27	11	15	21	30	42
>280~560	>0.5~2	6.5	9	13	18	26	5.5	7.5	11	15	21	8.5	12	17	23	33
	>2~3.5	8	11	16	22	32	6.5	9	13	18	26	10	15	21	29	41
	>3.5~6	9	13	18	26	37	7.5	11	15	21	30	12	17	24	34	48

　　对于一齿切向综合公差 f'_i 在表 8 - 2(c)中给出了 f'_i/K 值，K 值按下面方式计算：当总重合度 $\varepsilon_\gamma<4$ 时，$K=0.2\times(\varepsilon_\gamma+4)/\varepsilon_\gamma$；当 $\varepsilon_\gamma>4$ 时，$K=0.4$。

切向综合总公差 $F_i' = F_p + f_i'$。

3. 齿轮精度等级的选用

在齿轮精度设计时要根据齿轮的用途、分度圆线速度等工作条件要求来选择齿轮的精度等级。选择时即要考虑齿轮的工作速度、传递功率,又要考虑工作的持续时间、机械振动、噪声和使用寿命等方面的要求。一般情况下工作速度越高、传动要求越平稳、传递的载荷越大,齿轮的精度应越高。齿轮精度等级选择原则是:在满足使用要求的前提下,尽量选择较低的精度等级,以降低加工成本。因为在 5~8 级的精度范围内,精度每提高一级时,其制造费用增加 60%~80%。

选择齿轮的精度等级可参考表 8-3 和表 8-4。

表 8-3 各类机器传动中所应用的齿轮精度等级

产品类型	精度等级	产品类型	精度等级	产品类型	精度等级
测量齿轮	2~5	轻型汽车	5~8	起重机械	7~10
透平齿轮	3~6	载重汽车	6~9	农业机械	8~11
金属切削机床	3~7	航空发动机	4~8	矿用绞车	8~10
内燃机车	6~7	拖拉机	6~9	轧钢机	6~10
汽车底盘	5~8	通用减速器	6~9		

表 8-4 各精度等级齿轮的适用范围

精度等级	工作条件及适用范围	圆周速度/(m·s⁻¹)		齿面的最后加工方法
		直齿	斜齿	
3	用于最平稳全无噪声的极高速下工作的齿轮;特别精密的分度机构齿轮;特别精密机械中的齿轮;检测 5、6 级的测量齿轮	>50	>75	特精密的磨齿和珩磨、用精密滚刀滚齿或单边剃齿后的大多数不经淬火的齿轮
4	用于精密的分度机构齿轮;特别精密机械中的齿轮;高速透平齿轮;控制机构齿轮;检测 7 级的测量齿轮	>40	>70	精密磨齿;大多数用精密滚刀滚齿和珩齿或单边剃齿
5	用于高平稳且低噪声的高速传动的齿轮;精密机构中的齿轮;透平传动中的齿轮;检测 8、9 级的测量齿轮;重要的航空、船用齿轮箱的齿轮	>20	>40	精密磨齿;大多数用精密滚刀加工,进而研齿或剃齿
6	用于高速下平稳工作,需要高效率低噪声的齿轮;航空、汽车用齿轮;读数装置中的精密齿轮;机床传动链中的齿轮;机床传动齿轮	≤15	≤30	精密磨齿或剃齿
7	在高速和适度功率或大功率和适当速度下工作的齿轮;机床变速箱中进给齿轮;高速减速器中的齿轮;起重机齿轮;汽车及读数装置中的齿轮	≤10	≤15	无须热处理的齿轮,用精密刀具加工对于淬硬的齿轮必须精整加工(磨齿、研齿、珩齿)
8	一般机器中无特殊精度要求的齿轮;机床变速齿轮;汽车制造业中不重要齿轮;冶金、起重机械中的齿轮;通用减速器中的齿轮;农业机械中重要齿轮	≤6	≤10	滚齿、插齿即可,不用磨齿;必要时研齿或剃齿

精度等级	工作条件及适用范围	圆周速度/(m·s⁻¹)		齿面的最后加工方法
		直齿	斜齿	
9	用于不提精度要求的粗糙工作中的齿轮;因结构上考虑,承受载荷低于计算载荷的传动用齿轮;重载、低速、不重要工作机械中的传力齿轮;农机齿轮	≤2	≤4	不需要特殊的精整加工

4. 齿轮侧隙与齿厚偏差的计算

(1) 最小法向侧隙 $j_{bn,min}$

表 8-5 列出对工业传动齿轮装置推荐的最小法向侧隙。这些传动装置是用黑色金属来制造齿轮和箱体的,工作时节圆速度小于 15 m/s,其箱体、轴和轴承均采用常用的制造公差。

表 8 - 5　中、大模数齿轮推荐的最小法向侧隙 $j_{bn,min}$ 的推荐数据　　　　　mm

法向模数 m_n	最小中心距 a_i					
	50	100	200	400	800	1 600
1.5	0.09	0.11				
2	0.10	0.12	0.15			
3	0.12	0.14	0.17	0.24		
4		0.18	0.21	0.28		
5		0.24	0.27	0.34		
8			0.35	0.42	0.47	
12				0.54	0.55	
18					0.67	0.94

注: 表中的数值也可以用公式 $j_{bn,min} = \dfrac{2}{3}(0.06 + 0.000\ 5a_i + 0.03m_n)$ 求得。

(2) 最大法向侧隙 $j_{bn,max}$

一对齿轮副的最大法向间隙 $j_{bn,max}$ 是齿厚公差、中心距变动的影响和轮齿几何形状变异影响之和。

理论上的最大法向侧隙发生于两个理想齿轮按最小齿厚规定制成,且在最松的中心距条件下啮合时,最松的中心距对外齿轮啮合是指最大的,对于内啮合的齿轮是指最小的中心距。

(3) 齿厚偏差的计算

当齿轮副为公称中心距时,若无其他误差的影响,两齿轮的齿厚上极限偏差之和($E_{sns1} + E_{sns2}$)与最小法向侧隙 $j_{bn,min}$ 的关系为

$$j_{bn,min} = | E_{sns1} + E_{sns2} | \cos \alpha_n \tag{8-5}$$

大、小齿轮齿厚上极限偏差相等时,齿厚上极限偏差为

$$| E_{sns} | = \frac{j_{bn,min}}{2 \times \cos \alpha_n} \tag{8-6}$$

齿厚公差 T_{sn},可按下式计算:

$$T_{sn} = \sqrt{F_r^2 + b_r^2} \times 2 \times \tan \alpha_n \tag{8-7}$$

齿厚下极限偏差为

$$E_{sni} = E_{sns} - T_{sn} \qquad (8-8)$$

式中,F_r 为径向跳动公差;b_r 为切齿径向进给公差,可按表 8-6 选用,公称尺寸为分度圆直径。

表 8-6　切齿径向进给公差推荐表

齿轮精度等级	4	5	6	7	8	9
b_r	1.26 IT7	IT8	1.26 IT8	IT9	1.26 IT9	IT10

5. 齿坯公差

齿坯是齿轮加工的基础,齿坯上作为加工齿轮的基准面、安装面的精度影响着齿轮的精度。所以对齿坯上作为加工定位、安装基准的表面有一定的几何公差要求,齿轮基准面和安装基准形式如图 8-16 所示,基准面与安装面的几何公差如表 8-7 和表 8-8 所列。

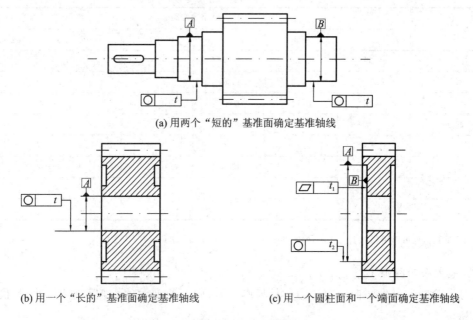

(a) 用两个"短的"基准面确定基准轴线

(b) 用一个"长的"基准面确定基准轴线　　　　(c) 用一个圆柱面和一个端面确定基准轴线

图 8-16　齿轮基准面与安装基准的形式

表 8-7　基准面和安装面的形状公差

确定轴线的基准面	形状公差		
	圆度	圆柱度	平面度
两个"短的"圆柱或圆锥形的基准面	$0.04(L/b)F_{\beta}$ 或 $0.1F_p$ 取两者中之小值		
一个"长的"圆柱或圆锥形的基准面		$0.04(L/b)F_{\beta}$ 或 $0.1F_p$ 取两者中之小值	
一个"短的"圆柱面和一个端平面	$0.06F_p$		$0.06(D_d/b)F_{\beta}$

注:D_d—基准面直径 mm;L—较大的轴承跨距 mm;b—齿宽 mm。

表 8 - 8　安装面的跳动公差

确定轴线的基准面	跳动公差	
	径向跳动	轴向跳动
仅指圆柱或圆锥形基准面	$0.15(L/b)F_\beta$ 或 $0.3F_p$ 取两者中之大值	
一个圆柱基准面和一个端面基准面	$0.3F_p$	$0.2(D_d/b)F_\beta$

6．中心距极限偏差和轴线的平行度

（1）中心距极限偏差

中心距极限偏差是设计者规定的齿轮传动中心距的允许偏差,中心距极限偏差是考虑了最小侧隙及两个相啮合齿轮的非渐开线齿廓齿根部分的干涉后确定的,具体选择时见表 8 - 9,公称尺寸为中心矩。

表 8 - 9　中心距极限偏差 $\pm f_a$

齿轮精度等级	1~2	3~4	5~6	7~8	9~10	11~12
f_a	$\frac{1}{2}$ IT4	$\frac{1}{2}$ IT6	$\frac{1}{2}$ IT7	$\frac{1}{2}$ IT8	$\frac{1}{2}$ IT9	$\frac{1}{2}$ IT11

（2）轴线的平行度

轴线平行度在轴线平面内的偏差为

$$f_{\Sigma\delta}=2F_{\Sigma\beta}$$

在垂直平面上的偏差为

$$f_{\Sigma\beta}=0.5F_\beta(L/b)$$

其中,L 为齿轮轴上两支承轴承之间的距离,b 为齿宽。

7．齿轮表面的表面粗糙度

经过加工得到的齿面有表面波度与表面粗糙度。表面波度影响齿轮传动的平稳性与接触精度、齿轮的抗疲劳强度。

各级精度齿轮的齿面推荐的表面粗糙度值如表 8 - 10 所列。

表 8 - 10　轮廓的算术平均偏差 **Ra** 的推荐极限值　　　　　　　　　μm

精度等级		1	2	3	4	5	6	7	8	9	10	11	12
齿轮模数	$m<6$ mm					0.5	0.8	1.25	2.0	3.2	5.0	10.0	20
	6 mm < m < 25 mm	0.04	0.08	0.16	0.32	0.63	1.0	1.6	2.5	4.0	6.3	12.5	25
	$m>25$ mm					0.08	1.25	2.0	3.2	5.0	8.0	16	32

8．齿轮的接触斑点

表 8 - 11 给出了齿轮装配后(空载)检测时,齿轮精度等级和接触斑点分布之间的关系。

表 8-11　直齿轮装配后的接触斑点　　　　　　　　　　　　　　　　%

精度等级按 GB/T 10095—2008	b_{c1} 占齿宽的	h_{c1} 占有效齿面高度的	b_{c2} 占齿宽的	h_{c2} 占有效齿面高度的
≥4	50	70	40	50
5,6	45	50	35	30
7,8	35	50	35	30
9～12	25	50	25	30

注：b_{c1} 为接触斑点的较大长度；b_{c2} 为接触斑点的较小长度；h_{c1} 为接触斑点的较大高度；h_{c2} 为接触斑点的较小高度。

9. 齿轮检验项目的确定

GB/T 10095.1—2008 规定：切向综合总误差 F_i' 和一齿切向综合误差 f_i' 是检验项目，但不是必检项目。齿廓和螺旋线的形状偏差和倾斜偏差（$f_{f\alpha}$、$f_{H\alpha}$、$f_{f\beta}$、$f_{H\beta}$），有时作为有用的参数和评定值，但也不是必检的项目。为了评定齿轮精度，应检验齿距累积总偏差或齿距累积偏差、单个齿距偏差、齿廓总偏差、螺旋线总偏差以及齿厚偏差。GB/T 10095.2—2008 中 F_i''、f_i''、F_r 也不是强制性的检验项目，其公差值应在订货协议中规定。

根据我国企业齿轮生产的技术和质量控制水平，有关资料推荐供货方依据齿轮的使用要求和生产批量，在下述的检验组中选择一个用于评定齿轮的精度，经双方同意后，也可用以验收。齿轮检验组的选择主要考虑：齿轮的精度等级、切齿加工方法和齿轮检验条件。检验组的选择应保证齿轮检验是最经济的、最能保证齿轮使用质量要求的，可参见表 8-12。

表 8-12　推荐的齿轮精度检验组

检验组	检验项目	适用的精度等级
1	f_{pt}、F_p、F_α、F_β、F_r	3～9 级
2	F_p、F_α、F_β、F_r	3～9 级
3	F_p 与 F_{pk}、F_α、F_β、F_r	3～9 级
4	F_i''、f_i''	3～9 级
5	F_i'、f_i'	3～6 级
6	f_{pt}、F_r	10～12 级

10. 齿轮精度等级的标注

国家标准中没有规定齿轮精度等级的标注方法，在实际应用时可按下列方法进行齿轮精度标注：

① 若齿轮检验项目为同一精度等级时，可在齿轮零件图标题栏中注出精度等级与标准号：

$$7 \ \text{GB/T 10095.1} \quad 或 \quad 7 \ \text{GB/T 10095.2}$$

② 若齿轮检验项目的精度等级不相同时，如齿轮的齿廓总偏差 F_α 为 7 级，而齿距累积总偏差 F_p 和螺螺旋线总偏差 F_β 为 8 级时，则标注为

$$7(F_\alpha)、8(F_p、F_\beta) \quad \text{GB/T 10095.1}$$

8.4.2　圆柱齿轮国家标准的应用

下面举例说明圆柱齿轮国家标准的应用。

[**例 8 - 1**]　图 8 - 17 所示减速器从动齿轮,模数 $m=3$ mm,齿数 $z=96$,中心距 $a=174$ mm,齿形角 $\alpha_n=20°$,齿宽 $b=40$ mm,传递最大功率 10 kW,转速为 200 r/min,齿轮的材料为 45 号钢,减速器箱体材料为铸铁。齿轮工作温度为 60 ℃,箱体工作温度为 40 ℃,小批量生产,试确定该直齿圆柱齿轮的精度等级、检验项目及偏差值,齿厚偏差,齿坯公差与表面粗糙度,并绘制齿轮零件图。

解

1)确定齿轮的精度等级

计算齿轮分度圆线速度:

$$v=\frac{\pi\times n\times z_2\times m}{60\times1\,000}=\frac{\pi\times200\times96\times3}{60\times1\,000}\text{m/s}=3.01\text{ m/s}$$

用类比法选择齿轮精度等级,查表 8 - 3 通用减速器齿轮精度等级应为 6～9 级,表 8 - 4 通用减速器齿轮分度圆线速度≤6 m/s 时的精度等级为 8 级,考虑保证传动平稳性要求,选择齿轮精度等级为 8 级。

2)检验项目及偏差、公差值

依据该齿轮的精度等级为 8 级,使用性能要求不太高,选择第一组的项目对齿轮精度进行评定,各项评定指标的参数值如表 8 - 13 所列。

表 8 - 13　齿轮检验项目的参数值　　μm

f_{pt}	F_p	F_α	F_β	F_r
20	92	29	27	74

3)齿厚偏差的确定

① 齿轮的法向最小间隙确定。查表 8 - 5 得:$j_{bn,min}=170$ μm。

② 计算齿厚上极限偏差:

$$|E_{sns}|=\frac{j_{bn,min}}{2\times\cos\alpha_n}=\frac{170}{2\times\cos20°}\mu\text{m}=90.45\text{ μm}$$

③ 计算齿厚公差:

$$T_{sn}=\sqrt{F_r^2+b_r^2}\times2\times\tan\alpha_n=\sqrt{74^2+163.8^2}\times2\times\tan20°\text{ μm}=130.84\text{ μm}$$

其中

$$b_r=1.26IT9=1.26\times130=163.8\text{ μm(公称尺寸为分度圆直径 }d=288\text{ mm)}$$

④ 计算齿厚下极限偏差:

$$E_{sni}=E_{sns}-T_{sn}=-90.45\text{ μm}-130.84\text{ μm}=-221.29\text{ μm}$$

取齿厚偏差为

$$E_{sns}=-90\text{ μm},E_{sni}=-220\text{ μm}$$

4)齿坯公差与齿面表面粗糙度

齿轮内孔为加工基准与安装基准面,查表 8 - 7 和表 8 - 8 并计算,圆度公差为 9.2 μm。

查表 8 - 10,齿面的表面粗糙度 Ra 为 2.0 μm。

5)画出该齿轮的零件图

齿轮的零件图如图 8 - 17 所示。

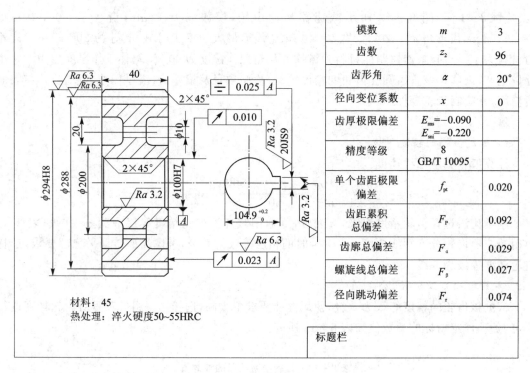

材料：45
热处理：淬火硬度50~55HRC

模数	m	3
齿数	z_2	96
齿形角	α	20°
径向变位系数	x	0
齿厚极限偏差	$E_{sms}=-0.090$ $E_{sni}=-0.220$	
精度等级	8 GB/T 10095	
单个齿距极限偏差	f_{pt}	0.020
齿距累积总偏差	F_P	0.092
齿廓总偏差	F_α	0.029
螺旋线总偏差	F_β	0.027
径向跳动偏差	F_r	0.074
标题栏		

图 8 - 17　齿轮零件图

第9章 尺寸链

【学习目的与要求】 掌握尺寸链、封闭环、组成环等基本概念;能绘制出尺寸链图,并能判定封闭环与组成环;能用极值法解算尺寸链。

9.1 概 述

在设计机械零件各要素的几何精度和要保证机器装配精度的装配中,往往需要通过综合分析计算来确定、协调零部件的整体精度。合理规定各要素的尺寸公差和几何公差,进行几何精度综合分析计算,尺寸链法是解决这类问题的方法之一。

9.1.1 尺寸链的定义

在机器装配或零件加工过程中,总有一些相互联系的尺寸,这些尺寸按一定顺序连接成一个封闭的尺寸系统,称为尺寸链。

在图 9-1 中,车床尾座顶尖轴线与主轴轴线的高度差 A_0 是车床的主要精度指标之一,影响这项精度的尺寸有:尾座底板厚度 A_1、尾座顶尖轴线高度 A_2 和主轴轴线高度 A_3。这四个相互联系的尺寸构成一个尺寸链。

又如图 9-2 所示的轴套依次加工尺寸为 A_1 和 A_2,则尺寸 A_0 就随之而成。因此这三个相互联系的尺寸也构成一个尺寸链。

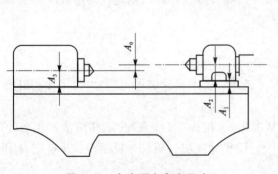

图 9-1 车床顶尖高度尺寸

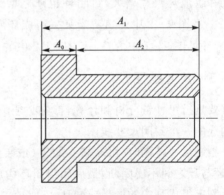

图 9-2 零件尺寸

9.1.2 尺寸链的特点

任何一个尺寸链都具有以下的特点:
① 封闭性。相互关联的一组尺寸按一定顺序首尾相接组成封闭图形。
② 尺寸链的关联性。即尺寸链中的某一尺寸的变化将影响其他尺寸的变化。
③ 封闭环的唯一性。即尺寸链中只有一个封闭环,它的大小受其他尺寸的支配,不能

独立。

9.1.3　尺寸链的种类

尺寸链按应用场合分为三类：
① 零件尺寸链。全部组成环为同一零件的设计尺寸所形成的尺寸链,如图 9-2 所示。
② 装配尺寸链。全部组成环为不同零件的设计尺寸所形成的尺寸链,如图 9-1 所示。
③ 工艺尺寸链。全部组成环为同一零件的工艺尺寸所形成的尺寸链,如图 9-5 所示。

9.1.4　尺寸链的组成

尺寸链由环组成,列入尺寸链中的每一个尺寸都称为"环"。如图 9-1 中的 A_0、A_1、A_2 和 A_3,图 9-2 中 A_0、A_1 和 A_2。按环的不同性质可分为封闭环和组成环。

① 封闭环。尺寸链在装配或加工过程中,最后形成的一环,称为封闭环。对于零件尺寸链,封闭环通常是公差等级要求最低的环,一般不标注公差。对于装配尺寸链,封闭环通常是对有关要素间的相互联系所提出的技术要求,如位置精度、距离精度、间隙、过盈等,它是将事先已获得尺寸的零部件进行总装之后,才形成得到的。对于工艺尺寸链,封闭环是加工过程中间接得到的尺寸环,一般为工艺所要保证的尺寸或是工艺过程所需要的尺寸。加工顺序不同,封闭环也不同。这里规定封闭环用符号"A_0"表示,封闭环在装配或加工完成前是不存在的,每个尺寸链中只一个封闭环,它的大小受其他尺寸的支配。如图 9-1、图 9-2 中的 A_0。

② 组成环。尺寸链中除封闭环之外的其他尺寸称为组成环。这里用 A_1、A_2、A_3、…、A_n(尺寸链的总环数为 $n+1$)表示组成环。

根据组成环对封闭环的影响不同,又分为增环和减环。在其他组成环尺寸不变的情况下,当某一组成环尺寸增大,封闭环也随之增大,则这样的组成环称为增环,增环见图 9-1 中的 A_1、A_2 和图 9-2 中的 A_1;当某一组成环尺寸增大,封闭环反而减小,则这样的组成环称为减环,减环见图 9-1 中的 A_3 和图 9-2 中的 A_2。

9.1.5　尺寸链图

要进行尺寸链分析和计算,首先必须画出尺寸链图。所谓尺寸链图,就是由封闭环和组成环构成的一个封闭尺寸线图。

绘制尺寸链图时,可从某一加工(或装配)基准出发,按加工(或装配)顺序依次画出各个环,环与环之间不得间断,最后用封闭环构成一个封闭尺寸线图。用尺寸链图很容易确定封闭环及判定组成环中的增环或减环。

确定组成环中的增环和减环,主要常用以下两种方法：
① 按定义判断。根据增、减环的定义,对逐个组成环,分析其尺寸的增减对封闭环尺寸的影响,以判断其为增环还是减环。此法比较麻烦,在环数较多、链的结构较复杂时,容易产生差错,但这是一种基本方法。
② 按箭头方向判断。从封闭环 A_0 开始,在每个尺寸环上面按一个方向(顺时针或逆时针)画单向箭头,如图 9-3 所示,组成环中箭头与封闭环箭头相同者为减环,相异者为增环。按此方法可以判定,在该尺寸链中,A_1 和 A_3 为增环、A_2 和 A_4 为减环。

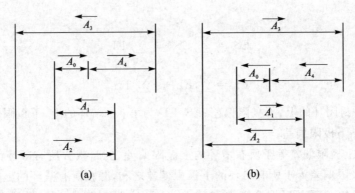

(a)　　　　　　　　　(b)

图 9 – 3　尺寸链图

9.2　用极值法解算尺寸链

9.2.1　极值法解算尺寸链的基本步骤和公式

1. 基本步骤

① 画尺寸链图；

② 确定封闭环；

③ 确定增环和减环；

④ 根据有关数学关系式，进行封闭环或组成环量值的计算；

⑤ 校验计算结果。

2. 基本计算公式

用极值法解尺寸链的基本出发点是：当所有增环皆为上极限尺寸，而所有减环皆为下极限尺寸，此时封闭环为上极限尺寸；所有增环皆为下极限尺寸，而所有减环皆为上极限尺寸，此时封闭环为下极限尺寸。设一个尺寸链组成环数为 n，其中增环数为 m，减环数为 $n-m$，A_i 为增环的公称尺寸，A_j 为减环的公称尺寸，则

① 公称尺寸之间的关系为

$$A_0 = \sum_{i=1}^{m} A_i - \sum_{j=m+1}^{n} A_j \tag{9-1}$$

即封闭环的公称尺寸等于所有增环公称尺寸之和减去所有减环公称尺寸之和。在装配尺寸链中，封闭环的公称尺寸有可能等于零。

② 极限尺寸之间的关系为

$$A_{0,\max} = \sum_{i=1}^{m} A_{i,\max} - \sum_{j=m+1}^{n} A_{j,\min} \tag{9-2}$$

$$A_{0,\min} = \sum_{i=1}^{m} A_{i,\min} - \sum_{j=m+1}^{n} A_{j,\max} \tag{9-3}$$

即封闭环的上极限尺寸等于所有增环的上极限尺寸之和，减去所有减环的下极限尺寸之和；封闭环的下极限尺寸等于所有增环的下极限尺寸之和，减去所有减环的上极限尺寸之和。

③ 极限偏差之间的关系。由封闭环的极限尺寸减去封闭环的公称尺寸得到封闭环的极

限偏差公式：

$$ES_0 = \sum_{i=1}^{m} ES_i - \sum_{j=m+1}^{n} EI_j \qquad (9-4)$$

$$EI_0 = \sum_{i=1}^{m} EI_i - \sum_{j=m+1}^{n} ES_j \qquad (9-5)$$

式中，ES_0、EI_0 为封闭环的上、下极限偏差；ES_i、EI_i 为第 i 个增环的上、下极限偏差；ES_j、EI_j 为第 j 个减环的上、下极限偏差。

即封闭环的上极限偏差等于所有增环的上极限偏差之和，减去所有减环的下极限偏差之和；封闭环的下极限偏差等于所有增环的下极限偏差之和，减去所有减环的上极限偏差之和。

④ 公差之间的关系。根据公差与偏差的关系，由封闭环的上极限偏差减去下极限偏差，得

$$T_0 = \sum_{i=1}^{n} T_{Ai} \qquad (9-6)$$

即封闭环公差等于所有组成环公差之和。式(9-6)也可作为校核公式，以便校核计算中是否有误。由式(9-6)可知：

第一，封闭环的公差比任何一个组成环的公差都大。因此在零件尺寸链中，应该选择最不重要的尺寸作为封闭环，但在装配尺寸链中，由于封闭环是装配后的技术要求，一般无选择余地。

第二，为了使封闭环公差小些，或者当封闭环公差一定时，要使组成环的公差大些，就应该使尺寸链的组成环数尽可能少些，这就称为最短尺寸链原则。在设计中应尽量遵守这一原则。

9.2.2 极值法解正计算问题

解正计算问题就是已知组成环的公称尺寸和极限偏差，求封闭环的公称尺寸和极限偏差，现举例如下。

[例 9-1] 加工一轴套，如图 9-4(a)所示，已知工序：先车外圆 A_1 为 $\phi 70_{-0.08}^{-0.04}$，然后镗内孔 A_2 为 $\phi 60_{0}^{+0.06}$，并应保证内外圆的同轴度公差 A_3 为 $\phi 0.02$ mm，求壁厚。

解

1) 画尺寸链图

由于此轴套 A_1、A_2 尺寸相对加工基准(轴线)具有对称性，故应取半值画尺寸链图，同轴度公差 A_3 可作一个线性尺寸处理，如图 9-4(b)所示，由于同轴度公差带相对基准轴线为对称分布，可确定 A_3 为 0 ± 0.01。

以外圆圆心 O_1 为基准，按加工顺序分别画出 $A_1/2$、A_3、$A_2/2$，并用 A_0 把它们连接成封闭图形。

2) 确定封闭环

因为壁厚 A_0 为最后自然形成的尺寸，故为封闭环。

3) 确定增、减环

在每个尺寸环上按顺时针方向画箭头，如图 9-4(b)，根据箭头方向判断法可确定：$A_1/2$、A_3 为增环，$A_2/2$ 为减环。

因为 A_1 为 $\phi 70_{-0.08}^{-0.04}$，则 $A_1/2$ 为 $35_{-0.04}^{-0.02}$；A_2 为 $\phi 60_{0}^{+0.06}$，则 $A_2/2$ 为 $\phi 30_{0}^{+0.03}$。

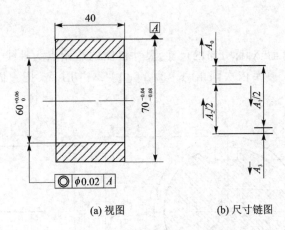

(a) 视图　　　　　(b) 尺寸链图

图 9 - 4　轴套的零件尺寸链

4）计算壁厚的公称尺寸和上、下极限偏差

由式(9-1)得壁厚的公称尺寸为

$$A_0 = \left(\frac{A_1}{2} + A_3\right) - \frac{A_2}{2} = 35\ \mathrm{mm} + 0\ \mathrm{mm} - 30\ \mathrm{mm} = 5\ \mathrm{mm}$$

由式(9-4)得壁厚的上极限偏差为

$$\mathrm{ES}_0 = (\mathrm{ES}_{A_1/2} + \mathrm{ES}_{A3}) - \mathrm{EI}_{A_2/2} = [-0.02 + (+0.01)]\ \mathrm{mm} - 0\ \mathrm{mm} = -0.01\ \mathrm{mm}$$

由式(9-5)得壁厚的下极限偏差为

$$\mathrm{EI}_0 = (\mathrm{EI}_{A_1/2} + \mathrm{EI}_{A_3}) - \mathrm{ES}_{A_2/2} =$$
$$[-0.04 + (-0.01)]\ \mathrm{mm} - (+0.03)\ \mathrm{mm} = -0.08\ \mathrm{mm}$$

5）校验计算结果

由以上计算结果可得

$$T_0 = \mathrm{ES}_0 - \mathrm{EI}_0 = (-0.01)\ \mathrm{mm} - (-0.08)\ \mathrm{mm} = 0.07\ \mathrm{mm}$$

由式(9-6)得

$$T_0 = T_{A_1/2} + T_{A_3} + T_{A_2/2} = (\mathrm{ES}_{A_1/2} - \mathrm{EI}_{A_1/2}) + (\mathrm{ES}_{A_3} - \mathrm{EI}_{A_3}) + (\mathrm{ES}_{A_2/2} - \mathrm{EI}_{A_2/2}) =$$
$$[-0.02 - (-0.04)]\ \mathrm{mm} + [(+0.01) - (-0.01)]\mathrm{mm} +$$
$$[(+0.03) - 0]\mathrm{mm} = 0.07\ \mathrm{mm}$$

校核结果说明计算无误，所以壁厚 A_0 为 $A_0 = 5^{-0.01}_{-0.08}$。

需指出的是，同轴度公差 A_3 如作为减环处理，结果仍不变，读者可以画出相应的尺寸链图，并对计算出的结果进行比较。

9.2.3　极值法解中间计算问题

中间计算问题是已知部分组成环与封闭环公称尺寸与极限偏差，求某一组成环的公称尺寸与极限偏差，现举例如下。

[例 9 - 2]　在轴上铣一键槽，如图 9 - 5(a)所示。加工顺序为：车外圆 A_1 为 $\phi 70.5^{\ 0}_{-0.1}$，铣键槽深度 A_2，磨外圆 $A_3 = \phi 70^{\ 0}_{-0.06}$。要求磨完外圆后，保证键槽深度 $A_0 = 62^{\ 0}_{-0.3}$，求铣键槽的深度 A_2。

解

1) 画尺寸链图

相对轴线、对称线(面)对称分布的尺寸,尺寸链图的起始点为轴线、对称线(面)。本题选圆心 O 为基准,按加工顺序依次画出 $A_1/2$、A_2、$A_3/2$,并用 A_0 把它们连接成封闭图形,如图 9-5(b)所示。

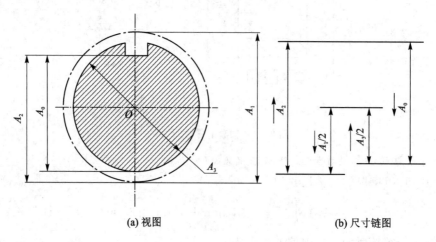

(a) 视图   (b) 尺寸链图

图 9-5 轴的工艺尺寸链

2) 确定封闭环

由于磨完外圆后形成的键槽深度 A_0 为最后自然形成尺寸,故此可确定 A_0 为封闭环。据题意 A_0 为 $62_{-0.3}^{\ 0}$。

3) 确定增环、减环

按箭头方向判断法给各环标以箭头,如图 9-5(b)所示,可知,增环为 $A_3/2$、A_2;减环为 $A_1/2$。

4) 计算铣键槽的深度 A_2 的公称尺寸和上、下极限偏差

由式(9-1)计算 A_2 的公称尺寸,因为 $A_0 = (A_2 + A_3/2) - A_1/2$,则有

$$A_2 = A_0 - A_3/2 + A_1/2 = 62 \text{ mm} - 35 \text{ mm} + 35.25 \text{ mm} = 62.25 \text{ mm}$$

由式(9-4)计算 A_2 的上极限偏差,因为 $\text{ES}_0 = (\text{ES}_{A_2} + \text{ES}_{A_3/2}) - \text{EI}_{A_1/2}$,则

$$\text{ES}_{A_2} = \text{ES}_0 - \text{ES}_{A_3/2} + \text{EI}_{A_1/2} = 0 \text{ mm} - 0 \text{ mm} + (-0.05) \text{ mm} = -0.05 \text{ mm}$$

由式(9-5)计算 A_2 的下极限偏差,因为 $\text{EI}_0 = (\text{EI}_{A_2} + \text{EI}_{A_3/2}) - \text{ES}_{A_1/2}$,则

$$\text{EI}_{A_2} = \text{EI}_0 - \text{EI}_{A_3/2} + \text{ES}_{A_1/2} = (-0.3) \text{ mm} - (-0.03) \text{ mm} + 0 \text{ mm} = -0.27 \text{ mm}$$

5) 校验计算结果

由已知条件可求出 $T_0 = \text{ES}_0 - \text{EI}_0 = 0 \text{ mm} - (-0.3)\text{mm} = 0.3 \text{ mm}$。

由计算结果,根据式(9-6)可求出

$$T_0 = T_{A_2} + T_{A_3/2} + T_{A_1/2} = (\text{ES}_{A_2} - \text{EI}_{A_2}) + (\text{ES}_{A_3/2} - \text{EI}_{A_3/2}) + (\text{ES}_{A_1/2} - \text{EI}_{A_1/2}) =$$
$$[(-0.05) - (-0.27)]\text{mm} + [0 - (-0.05)]\text{mm} +$$
$$[+0 - (-0.03)]\text{mm} = 0.3 \text{ mm}$$

校核结果说明计算无误,所以铣键槽的深度 A_2 为

$$A_2 = 62.25_{-0.27}^{-0.05} = 62.2_{-0.22}^{\ 0}$$

9.2.4 极值法解反计算问题

反计算问题是已知封闭环的公称尺寸和上、下极限偏差,要求确定各组成环的公差和上、下极限偏差,最后再进行校核。反计算常用于装配尺寸链的计算中。

在具体分配各组成环的公差时,可采用等公差法或等精度法。

当各组成环的公称尺寸相差不大时,可将封闭环的公差平均分配给各组成环,如果需要,可在此基础上进行必要的调整。这种方法称为等公差法,即

$$T_i = \frac{T_0}{n} \tag{9-7}$$

实际工作中,各组成环的公称尺寸一般相差较大,按等公差法分配公差,从加工工艺上讲不合理,为此,可采用等精度法。

所谓等精度法,就是各组成环公差等级相同,即各环公差等级系数相等,设其值均为 a,则

$$a_1 = a_2 = \cdots = a_n = a \tag{9-8}$$

按国家标准规定,在 IT5~IT18 公差等级内,标准公差的计算式为 $T = a \times i$,其中 i 为标准公差因子,如第 3 章所述,在常用尺寸段内,$i = 0.45\sqrt[3]{D} + 0.001D$。为了本章应用方便,将部分公差等级系数 a 的值和标准公差因子 i 的数值列于表 9-1 和表 9-2 中。

表 9-1 公差等级系数 a 的值

公差等级	IT8	IT9	IT10	IT11	IT12	IT13	IT14	IT15	IT16	IT17	IT18
系数 a	25	40	64	100	160	250	400	640	1000	1600	2500

表 9-2 标准公差因子 i 的值

尺寸段 D/mm	1~3	>3~6	>6~10	>10~18	>18~30	>30~50	>50~80	>80~120	>120~180	>180~250	>250~315	>315~400	>400~500
公差因子 /μm	0.54	0.73	0.90	1.08	1.31	1.56	1.86	2.17	2.52	2.90	3.23	3.54	3.89

由式(9-6)可得

$$a = \frac{T_0}{\sum\limits_{j=1}^{n} i_j} \tag{9-9}$$

计算出 a 后,按表 9-1 查出与之相近的公差等级,进而查表确定各组成环的公差。

各组成环的极限偏差确定方法是先留一个组成环作为调整环,其余各组成环的极限偏差按入体原则确定,即孔的基本偏差为 H,轴的基本偏差为 h,一般长度尺寸为 JS(js),最后按式(9-4)、式(9-5)计算调整环的极限偏差。进行反计算时,最后必须进行正计算,以校核设计的正确性。

[例 9-3] 如图 9-6(a)所示的齿轮箱,根据使用要求,应保证间隙 A_0 在 1~1.75 mm 之间。已知各零件的公称尺寸为 $A_1 = 140$ mm,$A_2 = A_5 = 5$ mm,$A_3 = 101$ mm,$A_4 = 50$ mm。试用等精度法求各环的尺寸公差和极限偏差。

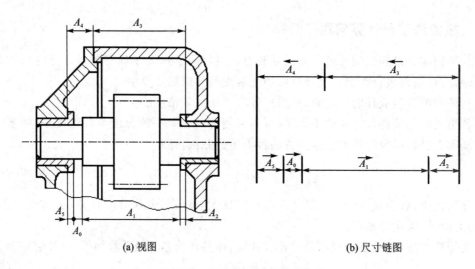

(a) 视图   (b) 尺寸链图

图 9-6 齿轮箱局部装配尺寸链

解

1) 画尺寸链图,并判定出增环与减环

由于间隙 A_0 是装配后得到的,故为封闭环;尺寸链图如图 9-6(b)所示,根据箭头方向判断法可确定:A_3、A_4 为增环,A_1、A_2 和 A_5 为减环。

2) 计算封闭环的公称尺寸

$$A_0 = (A_3 + A_4) - (A_1 + A_2 + A_5) = (101 + 50)\text{mm} - (140 + 5 + 5)\text{mm} = 1\ \text{mm}$$

故封闭环的尺寸为

$$A_0 = 1^{+0.75}_{0}\ \text{mm}, \qquad T_0 = 0.75\ \text{mm}$$

3) 计算各环的公差

由表 9-2 可查各组成环的标准公差因子:

$$i_1 = 2.52, \quad i_2 = i_5 = 0.73, \quad i_3 = 2.17, \quad i_4 = 1.56$$

按式(9-9)计算各组成环的公差等级系数为

$$a = \frac{T_0}{i_1 + i_2 + i_3 + i_4 + i_5} = \frac{750}{2.52 + 0.73 + 2.17 + 1.56 + 0.73} \approx 97$$

查表 9-1 可知,$a = 97$ 在 IT10 级和 IT11 级之间。

根据实际情况,箱体零件尺寸大,难加工;衬套尺寸较小,易控制,故选 A_1,A_3 和 A_4 为 IT11 级,A_2 和 A_5 为 10 级。

查标准公差表得组成环的公差:

$$T_1 = 0.25\ \text{mm}, \quad T_2 = T_5 = 0.048\ \text{mm}, \quad T_3 = 0.22\ \text{mm}, \quad T_4 = 0.16\ \text{mm}$$

校核封闭公差:

$$T_0 = \sum_{j=1}^{m} T_j = (0.25 + 0.048 + 0.22 + 0.16 + 0.048)\ \text{mm} = 0.726\ \text{mm} < 0.75\ \text{mm}$$

故封闭环尺寸为 $A_0 = 1^{+0.726}_{0}\ \text{mm}$。

4) 确定各组成环的极限偏差

根据入体原则,由于 A_1、A_2 和 A_5 相当于轴,故取其上极限偏差为零,即 $A_1 = 140^{0}_{-0.25}$ mm,

$A_2 = A_5 = 5_{-0.048}^{0}$ mm，A_3 和 A_4 均为同向平面间距离，留 A_4 作调整环，取 A_3 的下极限偏差为零，即 $A_3 = 101_{0}^{+0.22}$ mm。

根据式(9-5)，则有

$$\mathrm{EI}_{A_0} = (\mathrm{EI}_{A_3} + \mathrm{EI}_{A_4}) - (\mathrm{ES}_{A_5} + \mathrm{ES}_{A_4} + \mathrm{ES}_{A_1})$$
$$0 = (0 + \mathrm{EI}_{A_4}) - (0 + 0 + 0)$$

解得
$$\mathrm{EI}_{A_4} = 0$$

由于 $T_4 = 0.16$ mm，故 $A_4 = 50_{0}^{+0.16}$ mm。

校核封闭环的上极限偏差

$$\mathrm{ES}_{A_0} = (\mathrm{ES}_{A_3} + \mathrm{ES}_{A_4}) - (\mathrm{EI}_{A_1} + \mathrm{EI}_{A_2} + \mathrm{EI}_{A_5})$$
$$= (+0.22 + 0.16) \text{ mm} - (-0.25 - 0.048 - 0.048) \text{ mm}$$
$$= +0.726 \text{ mm}$$

校核结果，符合要求。最后结果为

$$A_1 = 140_{-0.25}^{0} \text{ mm}, \quad A_2 = A_5 = 5_{-0.048}^{0} \text{ mm}, \quad A_3 = 101_{0}^{+0.22} \text{ mm},$$
$$A_4 = 50_{0}^{+0.16} \text{ mm}, \quad A_0 = 1_{0}^{+0.726} \text{ mm}$$

参考文献

[1] 方昆凡.公差配合技术手册[M].北京:机械工业出版社,2006.

[2] 张民安.圆柱齿轮精度[M].北京:中国标准出版社,2002.

[3] 《机械工程标准手册》编委会.机械工程标准手册 基础互换性卷[S].北京:中国标准出版社,2001.

[4] 李柱,徐振高,蒋向前.互换性与测量技术[M].北京:高等教育出版社,2004.

[5] 陈于萍,高晓康.互换性与技术测量[M].北京:高等教育出版社,2002.

[6] 黄云清.公差配合与测量技术[M].北京:机械工业出版社,2005.

[7] 中国国家标准化管理委员会.GB/T 1800.1—2009 产品几何技术规范(GPS) 极限与配合 第1部分:公差、偏差和配合基础[S].北京:中国标准出版社,2009.

[8] 中国国家标准化管理委员会.GB/T 1800.2—2009 产品几何技术规范(GPS) 极限与配合 第2部分:标准公差等级和孔、轴极限偏差表[S].北京:中国标准出版社,2009.

[9] 中国国家标准化管理委员会.GB/T 1801—2009 产品几何技术规范(GPS) 极限与配合 公差带和配合的选择[S].北京:中国标准出版社,2009.

[10] 中国国家标准化管理委员会.GB/T3177—2009 产品几何技术规范(GPS) 光滑工件尺寸的检验[S].北京:中国标准出版社,2009.

[11] 中国国家标准化管理委员会.GB/T 1182—2008 产品几何技术规范(GPS) 几何公差 形状、方向、位置和跳动公差标注[S].北京:中国标准出版社,2008.

[12] 中国国家标准化管理委员会.GB/T 4249—2008 产品几何技术规范(GPS) 公差原则[S].北京:中国标准出版社,2008.

[13] 中国国家标准化管理委员会.GB/T16671—2008 产品几何技术规范(GPS) 几何公差 最大实体要求、最小实体要求和可逆要求[S].北京:中国标准出版社,2008.

[14] 中国国家标准化管理委员会.GB/T 131—2006 产品几何技术规范(GPS) 技术产品文件中表面结构的表示法[S].北京:中国标准出版社,2006.

[15] 中国国家标准化管理委员会.GB/T 1031—2009 产品几何技术规范(GPS)表面结构 轮廓法 表面粗糙度参数及数值[S].北京:中国标准出版社,2009.

[16] 中国国家标准化管理委员会.GB/T 1957—2006 光滑极限量规 技术条件[S].北京:中国标准出版社,2009.

[17] 中国国家标准化管理委员会.GB/T 10095.1—2008 圆柱齿轮 精度制 第1部分 轮齿同侧齿面偏差的定义和允许值[S].北京:中国标准出版社,2008.

[18] 中国国家标准化管理委员会.GB/T 10095.2—2008 圆柱齿轮 精度制 第2部分 径向综合偏差和径向跳动的定义和允许值[S].北京:中国标准出版社,2008.